はじめに

現在、日本の新たな技術開発は世界の先頭を走っている一方で、生産拠点は他国となる場合が多い。昨今、身の回りの生活用品は海外製であふれ、MADE IN JAPANの国際競争力は低迷している。そのような中で、金型分野において電気鋳造という特殊な金型を製作し、世界の自動車メーカーから採用され続けている会社がある。中でも、ポーラス電鋳金型は世界シェアの九割を担うパイオニアとなっている。

金型とは、製品を早く・安く・大量に生産するための手段として考えられた方法である。百円ショップに行くと、商品棚には多くのプラスチック製品が陳列されている。安く作るために必要なのが金型だ。同じ製品を大量に生産することによって単価を抑えることができる。その数は数十万個にも及ぶのだ。

私たちの目に触れることは少ないが、より良い生活をしていくためになくてはならない産業なのだ。紀元前から培われてきた砂の型に金属を流す鋳物とは異なり、電気鋳造は電気の力を利用する。大きな浴槽の中で製品の原型を溶液に浸して電流を流し、金属の厚いメッキを形成、そして剥がしたメッキを金型とするのが〝電鋳〟の技術だ。

自動車の外観にこだわる人は多いが、内装となると少ないかもしれない。しかしダッシュボードやドアパネルは重要なパーツだ。快適なクルマづくりには必要不可欠なものだ。一度じっくりとダッシュボードを見て頂きたい。そして、高級感あふれる皮革調の細かなシワの肌触りを感じてみて欲しい。実際に触れてみると本物のようなクオリティの高さに驚かれる方も多いのではないだろうか。乗用車の高級志向にともなって技術革新が進み、現在では感触の良いクッション性、安全性まで考慮されている。

このダッシュボードにはブームがある。デザイナーのこだわりが色濃く反映されるからだ。皮革調をさらに引き立てる「ステッチ（縫い目）」という手法があるが、従来は糸のよりやほつれ、縫製感を金型で表現することは困難だった。そのため、こだわりを求めるなら職人が一つ一つ縫っていくしかなかった。当然、高級車以外ではコスト面で折り合いがつかず取り入れられることは難しかった。しかし、ＫＴＸはそのステッチ調を表現するために電鋳の技術力を集約させて、擬似ステッチを再現することに成功した。現在、自動車メーカー各社からの要望もあり、ステッチブームの火付け役ともなっている。

愛知県北部の広い田園地帯の中に近代的な工場が立つ。トヨタ、ホンダ、日産、マツダ、三菱、スバル、スズキと国内のほとんどのメーカーと取引があり、海外ではＧＭ、フォード、クライスラーをはじめ、中国、韓国、ヨーロッパ、メキシコ、インドの自動車メーカーとも取引がある。

二〇一五年に創業五十周年を迎え、国内で二百人弱の従業員数、海外では米国、中国、韓国、タイに拠点があるが、百六十人前後と多くはない。しかし、独自の技術であるポーラス電鋳®の開発、事業展開を皮切りに国内外で多くの栄誉を受けている。

二〇〇五年には経済産業省から「第一回　ものづくり日本大賞　特別賞」を受賞し、二〇一四年にはグローバル展開に対しての優秀さが認められ、同じく経済産業省から「グローバルニッチトップ企業一〇〇選」に選定されている、日本発の技術で世界に挑戦し続けている。

「形なきものから形にする喜び。そして、形にするプロセスをいくとおりも考え、さらに発展していく喜び。加えて、形になって世に出て、人々の目に触れて生活の中で使われることが喜びではないでしょうか」

こう語るのは、創業者の野田泰義だ。本書は、この特殊な金型「ポーラス電鋳®」を発明した男の物語である。

破天荒でいいんだ

❖

目次

破天荒でいいんだ

KTX・野田泰義の世界観

【第1章】修行

伊深の正眼寺《しょうげんじ》

岐阜県の美濃地方は、前日から雪が降り続いていた。夜半になるとどうやら雪雲は去ったようだ。

昭和三十四年十二月二十七日、二人の若者は岐阜駅から高山線に乗り、美濃太田駅で国鉄越美南線（現長良川鉄道）に乗換え、加茂野駅（現富加駅）で下車した。

この日は晴れてはいたが、これから訪れる伊深の里の辺りから山下ろしの冷たい風が降り積もった雪を時折舞い立たせていた。

伊深行きのバスは、なかった。二人は伊深までのおよそ一里半（六キロ）の道程を歩いて行くことにした。わずか残る道らしい跡をたどり、時には腰までの雪をかき分け、泳ぐようにして正眼寺を目指した。

降り積もった雪と風は、彼らの行く手を時おりはばんだ。寒さで鼻や頬を赤く染め、かじかんだ両手に息を吹きかけながらやっと境内に辿り着いた。

境内の石畳はすでに雪かきがされていた。正面の石段を五、六十段ほど真っすぐ登ったところに大きな岩が立ちはだかり、行く手をさえぎっている。そこからさらに石段は七十段程つずら折りに続き、右手上方に威厳のある山門の一部が見えた。

二人は山門を目指し、濡れて所々に雪が残る石段を慎重に登り切った。山門の両方の柱にかかげられた二枚の看板には、向かって右は臨済宗妙心寺派正眼禅寺、左には無門関提唱云々と墨書きされていた。

観音開きの扉は大きく開け放たれており、石畳からさらに二十数段の登り階段が続き、大きな建物をわずかに垣間見ることが出来た。

彼等がたたずむ所から、門の両側に白い外壁が寺の内部を囲うように伸びていた。白壁に刻まれた五本の筋が、この寺の格式の高さを示していた。大木の木立が雪に覆われその重みに耐えている森厳な雰囲気をいやが上にもかもしだしていた。

俗世から離れ、厳格に寺の慣例を守る修行僧に教えを請い、本日からいよいよ二週間、諸々の修行を体験することになる。山門を前にして二人の心は、緊張と期待で胸は高鳴った。

さて、山門をくぐる前に二人の若者を紹介しよう。二人は来春卒業を迎える高校生で、星野ともう一人は野田と言った。野田は本書の主人公、野田泰義である。

星野は北海道から父親の転勤にともなって二年生の一学期に転校してきた。色白でいっけん華奢にみえるが、眼光は鋭く、少し猫背気味だが優しい男だった。

彼は年少のころからボクシングの経験を積み、その実力はかなりのものだったが、一年後に岐阜県大会で優勝、さらにインターハイに出場してバンタム級で準優勝してまわりを驚かせた。しかしそれで満足はしていなかった。

泰義とは部活動を終えて帰る電車が同じこともあって、車中で話をするうちにお互い気が合って気のおけない仲になった。

星野はプロボクサーになる夢をもっていたが心の迷いを抱えており、担任の先生に胸の内を打ち明けた。

「それなら、冬休みに正眼寺で修行の体験をしたら良いのではないか。厳しい修業と聞くが、きっと君の迷いを払拭する糸口が見出だせるかもしれないよ」

「寺ですか?」

星野は「堅苦しくていやだなあ〜」と一瞬戸惑ったが、行きもしないで尻尾を巻く己の弱さにハッと気がついた。

「何事も挑戦だ!」

自らを奮い立たせて結局修行に行くことを決め、先生にお願いした。

「先生、紹介状を書いていただけませんか。実は工業化学科の野田君と行くつもりですので、よろしくお願いします」

星野は友人の野田を誘うことをすでに決めていた。

「野田君、巨人軍の川上哲治選手がシーズンオフに訪れる、臨済宗の正眼寺に一緒にいかないか」

泰義は願ってもない話に、「行きたい」と即座に答えた。岐阜工業高校に入学して以来年月は瞬く間に過ぎ、やがて卒業を迎えるまで将来について誰にも相談することもなく、漠然とあれやこれや一人模索していたからだ。そして、人生について自らに問いかけたりもした。

「人間とは、いったい何か?」

そのような時、武者小路実篤の著書『わが人生論』に出会った。初めて泰義に感動を与えた一冊の本であった。何度も繰り返し読んだ。

心の琴線に触れる文章は多々あったが、何と言っても「人はこの世に生を受けたるは、二千億分の一の確率である」という文に泰義はこの奇跡に近い確率に驚いた。

「自分は選ばれてこの世に生まれてきたということだ」

自分がこの世の中に存在する尊さを知ると共に、多くの人々に支えられ、生かされているのだということも知ることができた。

「選ばれて生を受けた自分の存在も尊いが、同時に他人も尊いのだ」ということも理解できた。さらに、生命を授けられ生まれてきたからには、全ての人々もそれぞれ自らの使命感を抱かなければならない。したがって「泰義よ、自分の使命は何かを、見つけなさい」という問いかけであった。

「この道より我を生かす道なし、この道を歩む」

武者小路実篤の言葉は、まさに至言《しげん》である。


泰義は社会人となる日を、待ち望んでいた。そのような時、興味を示した人物がもう一人いた。伝記や小説、映画等で脚光を浴びた宮本武蔵であった。

特に武蔵の強い生き方、物事に動じない「不動心」に関心を抱いた。不動心を自家薬《じかやく》籠《ろう》中にしようと試みたが、その生き方は実に凄まじいものであった。

「武蔵は、十三歳の時、周囲の人が必死に止めようとしたが聴かず、新当流の剣術家、有馬喜兵衛《ありまきへい》と闘い、隙を見て打ち掛かり、持っていた棒で殴り殺した。それより武芸の道を志し、二十八、九歳まで、六十数度、武芸者と決闘して、負けたことがない」とあった。

泰義が注目したのは「必死の覚悟だけでは勝てぬ。兵法を習得しても用をなさぬ。実践の道が必要である。実践の道とは、『鍛練』である。鍛練とは、千日の稽古を以て『鍛』と成し、万日の稽古を以て『練』」という気が遠くなる言葉であった。

そして、この言葉の意味を「何事も、日々、たゆまぬ努力を続けること」と理解した。

「宮本武蔵には及ばないが、何としても特別なパワーとか物事に動じない不動心を持ち合わせたい。どうすれば身につくのか」と思い続けていた時、偶然にも星野からその機会がもたらされたのだ。

二人は年の瀬が迫った冬休みに修行に出かけることを決め、先生に先方に訪れる日時と修行の期間の連絡をお願いした。

いよいよ出発の日、先生から老師宛のわずかな言葉が書き記された名刺と少々のお金、日記帳、万年筆、それに着替えの下着を用意して出かけた。


二人は、厳粛な気持ちで一礼して山門をくぐった。石畳の先の階段を上ると、広い境内が開けた。人の気配は全くなく辺りはピンと張り詰めた空気が漂い、静寂の中歴史の重みからか圧倒するほどの迫力をもつ本堂が二人を待ち受けていた。どこから声をかけたらいいのか迷った。よく見ると右の方に玄関らしきところがあった。

極度の緊張を押し殺し、「こんにちは」と代わる代わる声をかけた。何の応答もない。泰義は精一杯の声を張り上げ「こんにちはー」と叫んだ。

「どお〜れ」

奥から雲水《うんすい》が現れた。

「寺で、修行させて貰いに来ました」

震える手を押さえ、先生からの名刺を差し出した。

「少々お待ちください」と言って、雲水は一度奥に消えた。その間、いよいよ来る時が

正眼寺山門にて（左２人目から星野、谷耕月副寺、泰義）

来たと、胸はドキドキと高鳴った。

ほどなくして戻ってきた雲水が「お上がりなさい」と言い、〝ふうさん〟と呼ばれている人の部屋に通された。〝ふうさん〟とは寺内の愛称で、本当の名は谷耕月副寺《ふうす》といった。後に谷耕月老師臨済宗妙心寺派六百七十三世である。

かしこまって、正座している二人を前にしてふうさんは「何を求め何を志して来たのか？」と凛とした声で聞いた。

泰義は「私は、卒業しましたら就職いたします。母に育てられた私は、今度は私が母を食べさせていかなければなりません。皆よりその分、お金を稼がないといけませんので、社会人として耐え得る忍耐力と精神力を鍛えたいと思ってまいりました」と、表情をややこわ張らせて言った。

一方、星野も同じように「インターハイに出場して、ボクシングのバンタム級で二位になりましたが、プロボクサーになりたい。それには何事にも動じない心を養いたいのです」と言った。

「そうか」

ふうさんは、二人の堅い緊張をほぐすかのように、穏やかな笑みを浮かべながら言った。

「巨人軍の川上哲治選手も、一週間前までここにいたよ。彼の話では、調子のよい時にバッターボックスで構えると、相手投手の投げるボールがドッジボールくらいに見えたそうだ。これこそ、その道の達人といえよう」

「エ～ツ！　ドッジボールですか？」

二人は驚いて、思わず顔を見合わせた。

「君達の存念《ぞんねん》、相分かった。よいかな、忍耐力というのは自分でつくるものだ。それには忍耐力を育む環境というものが必要であるから、君達がここへ来たということは良いことであった。しかし、ここではサボろうと思えばいくらでもサボれる。一所懸命やろうと思えばこれも限りがない。サボるも、一心不乱に学ぶのも、自らの心持ち次第だ。帰る時に、本当にここに来て良かったと思えるように、しっかりやりなさい」と、諭された。

「仕事というものは、十二分に働かないと出世はしない。十分行うのは、それは機械である。普通の人は、皆、十分仕事をしているのである。十二分に行なったならば、二分ずつが積もり積もってきっと出世ができるはずだ」

「日常で大切なものは礼儀である。礼儀の作法をしっかり身に付けていくと良い」

その日は臨済宗妙心寺派や正眼寺の歴史、「禅宗」の教義とは何かについての講義も受けた。

「禅と言うものは有言実行こそが、教えの真髄である。言葉として、口に出す。または書き物として記す。こうしたことは、必ず実行を伴なわなければならない。出来もしないことを口にしたり、出来もしないことを記したりしてはならない。理屈ではいけない、理論でもいけない、唯、実行である」

「社会人になると、言動や自ら記したことは必ず実行と責任が伴うのだ」ということを、泰義は肝に銘じた。

平生、座りなれない正座をしていたので、たまらなく足が痛くなった。話もろくろく耳に入らないくらい、しびれと痛みで限界になった。

「すみません。お話中ですが、足を崩させてください」

ふうさんが雲水を呼んで「二階の部屋に案内して上げなさい」と言われた時はほっとした。

部屋を出る時に「費用はどのようにしたらよろしいですか?」と聞くと、「一日六十円いただく」という返事が返ってきた。

部屋には、やがて坐禅をする「単布団」が持ち込まれた。

いよいよ二週間の修業が始まった。とにかく精一杯頑張ろう、と二人は誓い合った。

翌二十八日は午前一時から餅つきが始まる。二人は十二時に起きようと約束して床についたが、気になって眠れない。午後八時半に目を覚まし、その後十時、十一時と何度か起き、「ハッと」して起きたのが午前一時五分であった。もう餅つきは始まっていた。

急いで支度をし、何か仕事を与えてくれないかとかまどの前でただボーッと立っていた。「餅をついてみんか」と雲水から声がかかった。ファイトが込み上げたが、すぐに不安になった。餅つきの経験が無かったのだが、何とかなるだろうという気になった。

「やらせてください」

「よし、やれ」

「はい」

夢中でついた。一臼《うす》に三人が、代わる代わる機関銃のように餅をつくのである。しばらくはついてはコネ返し、水を最小限に使い、またつく。何度か繰り返し、粘りのある美味しい餅が出来上がる。休みながら四臼ほどついた。

「大根をおろしてくれ」

泰義と星野はおろし餅用の大根おろしを頼まれた。床板からの冷たい隙間風がスースー吹いて、裸足の感覚が無くなりそうになったが堪えしのいだ。頭の中には絶えず「忍耐は自分がつくるんだ」という言葉が走った。

見たこともない大きな擂鉢《すりばち》が、いっぱいになるまでおろした。手もすごくだるくなったが、つきたての餅と大根おろしとたまり醤油を、椀に入れて一気に頬張る。これは最高にうまい餅の食べ方であった。

もう一つは餅を軽く油で揚げて椀に入れ、昆布の出汁をぶっかけ、柚の皮を一切れ入れる。これも最高に美味しかった。

雲水達は皆たくましい力士のように見えた。

こういった行事を通じて、悟りの道を日々求めて厳しい修業に明け暮れている雲水達の仲間入りすることができた。

寺のしきたり

通常、朝は午前五時起床、鈴が鳴る。慌ただしく着替え、布団を畳み、洗面、便所へ行く時も帰る時も駆け足である。何事においても迅速でなければならない。まさに「時は、人を待たず」である。

それからお勤めが始まる。本堂で読経を唱和し、坐禅堂では坐禅の指導を受け、慣れない足を組んで背筋を伸ばし、手に印（法界《ほうかい》定印）を結び、半眼にして一メートル先に目線を落とす。鐘がチーンとなり、カチカチと拍子木の音と共に線香一本が燃え尽きるまで約五十分じっと座る。

薄暗くシ～ンと静まる堂内の空気、せき一つ聞こえぬ中、時々静寂を破る警策《けいさく》のパ～ンと乾いた音が堂内に響く。雑念や眠気で意識がもうろうとしていると警策が肩にふれ、印を解いて警策を受けた。警策が当たった瞬間、一度に正気がよみがえり、血液が体中をかけ巡るような体験をした。やがて、鐘と拍子木の音で終了した。

足がしびれ、おまけに痛い。それに耐えたが、すぐには立ち上がれなかった。バランスの良い星野も何度も転んだ。しびれには勝てなかった。

しかし何度も坐禅を体験する内に、次第に慣れて警策を受ける回数が減り、雑念も払われ、安静観が次第に呼び起こされるようになってきた。

朝食、そして作務（掃除や農作業等）といった具合で一日が始まる。すべては初めての体験であり、戸惑いながら雲水に優しく指導してもらった。

他人の部屋にはいる時は、ひざをついて、頭を下げ「お願いします」と言って掃除道具を借りるのである。与えられた部屋の階段を降りるとすぐに便所があった。毎朝、ていねいに拭き、廊下もピカピカに磨いた。

最初に与えられた課題は、「般若心経」を諳《そら》んじることであった。二百六十二文字の心経を暗記し声に出して唱えることは、若い二人にとってそれほど時間を要しなかった。すると、不思議な自信がつき、本堂での勤行《ごんぎょう》でも雲水に負けないほどの大きな声で般若心経を唱和することが出来た。そうなってくると一つ一つ寺のしきたりを覚えることが楽しくなった。

師のふうさんは、二人により多くの教示を与えた。一言千金の思いで、耳を皿にして漏らさず聞き取り、その日学んだことを開枕《かいちん》（午後九時半の就寝）する前に、日記に書きとどめた。

特に寺では、日常の心がけやしきたり、しつけは厳しかった。急ぐ用事で廊下を音を立てて走った時、「こらーっ！」と一喝された。

「何事も静かに、早くだ！」

作務はないがしろにできない、いや、修業そのものである。廊下の掃除では、ぞうきんをしっかり絞りきることができなかったため水滴を落として叱責されることもあった。

「廊下は、単にぞうきんで拭くのではない。魂を込めて磨き上げるのである」

「便所掃除も然り、便器をなめれるぐらい清潔に心がけるのも修業である」

いわゆる、寺での生活そのものすべてが修業であることを、しっかり教え込まれた。

風呂をたく番も、泰義に与えられた修業の一つであった。梶浦逸外大老師（後に臨済宗妙心寺第二十五世官長）も入られるというので特に気をつかった。ふうさんは、雲水でも緊張するこうした大変な役割をあえて与えた。風呂場はタワシでこすって清潔にし、焚口は絶えず掃除をして、真険そのものであった。

難しいのは入浴する直前までの湯加減だった。温度計があるわけではないので、火力の具合を幾度も幾度も眼と肌で調整し、やっとコツを会得した。

湯はただ沸かせばいいというものではない。入浴する人が一日の疲れを癒し、心からの喜びをほどこすのが風呂である。そのためには、気配り、目配り、心配りが必要であり、修業の要訣《ようけつ》である。泰義は日本一の風呂焚になってやろうと思った。しかし、絶えず温度を調節しながら午後九時半まで大老師を待ったが、入られなかった。

食事は、五観文の作法に則って始まる。

一つには、功の多少を計り、彼の来処を量る。

（この食物が食膳に運ばれるまでには、幾多の人々の労苦と神仏の加護によることを
思って感謝します）

二つには、己が徳行の全闕《ぜんけつ》を忖《はか》って供《く》に応ず。

（私どもの、徳行の足らざるに、この食事を頂くことを過分に思います）

三つには、心を防ぎ、過貪等《とがとんとう》を離るるを旨とす。

（この食物にむかって、貪《むさ》ぼる心、厭《いと》う心を起こしません）

四つには、正に良薬を事とするは形枯《ぎょうこ》を療ぜんが為なり。

（この食事は、天地の生命を宿す良薬と心得て頂きます）

五つには、道業を成ぜんが為に当《まさ》に此の食《じき》を受くべし。

（この食物は、道業を成ぜんがために頂くことを誓います）

作法もならった。すなわち拍子木《ひょうしぎ》の合図で頂き、一切の音を出さず、しかも早く頂く

のである。

禅宗は雲水の托鉢に始まり、食をすることの尊さを教わるのである。世間では「雲水の粥」という言葉がある。いわゆる「湯（言う）ばっかり」。実体の伴わないことをもじったシャレである。

厳格な作法のもと、席順も上下関係で決められている。新参者は当然末席である。「般若心経」を唱えながら持鉢《じはつ》（食器）を広げ、飯器（桶）に入った粥「什器」「菜器」が、上席から椀にとって順送りにまわすのである。最初は濃い粥も末席までくれば「湯ばっか」、まさに「雲水の粥」となる。

拍子木が鳴り頂くのである。食事中は音を立ててはいけないというしきたりだが、たくあん漬には往生した。噛むとどうしても音が出る。最初は丸のみにしていたが、雲水に聞いたところ「口の中でふやかし、奥歯で少しづつ食いちぎるようにする」のだそうだが、最後まで難渋した。家庭では好きなたくあん漬も、ところ代って音無しには閉口した。

年越し前におこなった仕事は掃除ばかりではなかった。ちょうどこの時期、寺では年間を通して、食事に欠かせないたくあん漬を二桶《おけ》仕込むのである。直径が一・五メートルほどの大桶に、糠《ぬか》と塩を混ぜた糠塩を底に敷き、かねてから軒下に干した大根を隙間のないように交互に敷きつめる。残りの一桶は雲水の指導を受けながら、一人で漬け込む体験をさせてもらった。

雪が降りしきる中、托鉢《たくはつ》から帰った雲水達は先ず喜捨《きしゃ》して頂いた品物をお供えして、お経を唱えた。その後、囲炉裏を囲んで世間話に花を咲かせ、和気あいあいに頂くのである。泰義や星野も誘われて、楽しい団らんを過した。

年末のお言葉

昭和三十四年の年末、梶浦逸外大老師の法話を雲水と一緒に本堂で拝聴することができた。

お寺に世話になり、初めて大老師の顔を拝することができると思っていたのだが、「只今から、老師がお入りになられます。頭をお下げください。ハイ」と言われるままに、頭を畳に当てた姿勢で拝聴するのである。

本堂中央の講座台に座わられる気配を感じた。老師のゆっくりした口調、低い張りのある声で講和が始まった。

「私はだ、年末に当たってだ、かねてから皆にだ一生の謀《はかりごと》をしなさい、さいさい申しておいたがだ、おのおの出来たと思うが、はたしていかがなものかな。出来ておらん者はだ、しっかりした謀を立ててもらいたい。私はだ、現在こうしておるのはだ、十二歳の時の謀を実行したまでなのだ。孫末代とは言わん、せめてだ、自分の一生のしっかりした謀をしてだ、それに向かって進んでもらいたい。

謀をするに当たってはだ、どうあるべきかを考え、正しい事をしなさい。ただしい考えであるならば、筋の通った謀であるならば、例え己一人で、相手が二万、三万の敵があろうともだ、必ず成就できる。ところがだ、それが筋の通らない、正しくないものであったならばだ、見方が二万、三万いて、相手が一人であってもだ、成就できない。

私が、正眼寺短期大学の創設に当たってだ、本山までも反対をした。私はだ、粘り強く、この短期大学の創設は、如何に正しい行いであるかを関係者の説得に努めた。戦後の占領政策により、逐次否定されていく中で、何としても禅の根本精神を残し育てる教育の場所が必要だと強い想いがあった。

短大をつくること、正にだ、正眼（真理を見抜く眼力）の灯をあかあかと灯し続けようとの堅い信念から提案したのだが、始めはだ、本山迄も大反対した。だが、この短期大学の創設はだ、正しい行いであることを確信してだ、粘り強く関係者の説得に努めた。その結果はだ、昭和三十年についに開校することができた。いいか、正しい謀りごとをしてだ、それに向かって一心不乱に進みなさい。おわり」

「頭を上げなさい」と言われて上げた時には、大老師の姿はもうそこにはなかった。

部屋に戻って、二人は何度も何度も大老師の真似をした。話に力があり、独特の話し方は学校の先生とは違った説得力があった。それは今まであらゆる苦難に耐え、実践と体験に裏打ちされた威厳であった。

除夜の鐘つき

「ゴーン」という鐘の音が耳に入った。寝ていたがハッと起きた。除夜の鐘である。泰義はどうしても一回鐘をつきたかった。それで星野を呼んだが、起きなかった。

早速、鐘楼の下に走って行った。大晦日は肌身も凍るほどの寒かった。吹きさらしの鐘楼の櫓《やぐら》に恐る恐る上がってみると、寒さがひとしお身にしみた。小田原ちょうちんの明かりの側で、雲水の「しんさん」がお経を唱えていた。

櫓には百八粒の炒《い》った大豆が趣のある器にさり気なく入っていた。

「しんさん、鐘をつかさせて下さい」

泰義がお願いすると、

「よし、ついてみよ」

既に鐘つきは始まっていた。

「鐘の音が聞こえなくなったらつきなさい」

「はい」

ゴーンとつくと、勢い良く橦木《しゅもく》がはね返って鐘に当たる手前で二度つきにならないようにロープを下に引き込んでとめなければならない。つき終わると次につくまでの時間にいろいろ「しんさん」から教わった。

「一回ついたら、器の豆を一粒食べなさい。鐘をついて余韻が聞こえなくなったら次をつきなさい。こうして豆がなくなったら百八回ついたことになる、疲れたり嫌になったら、私を起こしなさい」

「よーし、全部ついてやるぞ」と思って「はい」と答えると、しばらく「無」について泰義には理解できない話をしていたが、年末の酒のせいか、いつの間にかいびきに変わっていた。

力一杯強く撞いた時に、はじめは跳ね返ってこないかと心配したが、次第に要領を得てつくことが楽しくなってきた。つるしてある撞木が「ギーコ、ギーコ」鳴っただけであった。一回つくと一分三十秒くらいかかる。元旦の風が一層身にしみた。

雲水は時折起きて「寒くないか」と心配してくれたが、二時間近くつき続けていた。茶碗の豆は余すところ十粒ほどになった。最後まで鐘をついてしまった。きっと百回ほどついたであろう。器の大豆もなくなった。「しんさん、終わりましたがいかがしましょう」と声をかけると、「後は、私がやる」と言って、二度を早つきをして終了となった。

ふうさんの教え

泰義は、ふうさんから主に精神面についてしっかり薫陶《くんとう》をうけた。食事の作法「五観文」の中で、ふうさんは、食育について、次のように話した。

「私達に供される食物は多くの生き物の命を頂くのであるから、生きとし生ける物全てにいただきますと感謝し、手を合わせることを常とすること。また、食事は多くの人々の苦労を思い、感謝して頂くこと。例えば、農家で生産される米などは文字通り八十八回の手間ひまがかかっているといわれ、さらに多くの人の手を通して我々の元にもたらされる。山、川、海の物、全ての食物も、また、然り」

「働かざる者、食うべからずだ！」

「実社会では、自分一人が努力して生き抜いていると思ったとしたら、それは大間違いだ！　社会の多くの人々に支えられて生きている、人ばかりではない、自然の恵み、水も空気もそうだ。つまりは生かされていることを、決して忘れてはならない。謙虚な心で、人に接しなさい」

さらに、五つの心得を話された。

「ことさらに酔いしれて生業を怠ること無かるべし」

「ことさらに嘘偽りを言うこと無かるべし」

「ことさらに男女の関係を乱すこと無かるべし」

「ことさらに物の命を殺生すること無かるべし」

「ことさらに他人の持物を奪うこと無かるべし」

ノートのページが無くなるほど教えが書き込まれ、明るい前途が広がり、大いなる志の道が次第に開けた。泰義はふうさんの教えを吸取り紙のように吸収し、進むべき人生の原点、財産として、今も脈々と生き続けている。希望に満ちあふれた、模索の時代であった。

梶浦逸外老師の言葉

正眼寺での修業の二週間はあっという間に過ぎ、お暇する時が来た。すると梶浦逸外大老師は二人を部屋に招いた。部屋に行くのは怖かったが、親しくなった雲水に案内されておそるおそる部屋に入り、座布団に座った。すると雲水は小声で「座布団の横に座って待つのだよ」と教えた。

老師は谷耕月副寺をともない、いつもとは打って変わり満面の笑みを浮かべて現れた。そして「短い期間であったが、日々の修業を良く続けた。二人共、求めるものが得られたかな?」と聞いた。

「はい、貴重な体験をさせていただき、持ちきれないほどの教えを谷副寺より授かりました」

「そうか、それは頂上」

「人間というものは、その時によって、その人になりきることが大切だな。社長になれば社長のように、子供と話す時は子供になりきることが大切だな」

その時、雲水が抹茶を持って部屋に入ってきた。老師は雲水に「学生さんには学生さんの口に合うものを持ってこなきゃあかんな。コーヒーとかココアとかな。その場その場で人を見て行動しなさい」と、優しくいさめた。なるほどと思った。

老師の話は続いた。

「『禅』についてはただ、谷副寺から既に学んだかもしれないが、どんなことでも実際に自分の身体で受け止めだ、それを実行することである。理屈ではいけない、理論でもいけない。ただ実行である」

「『為せばなる、為さねば成らぬ、何事も、成らぬは人の為さぬなりけり』上杉鷹山侯の言葉で、けだし至言であるがわかるかな?」

「勤めるようになったらだ、他人は十分働くだろうから、十二分に働きなさい。二分の蓄積はやがてだ大きな差となって、花咲く元になるぞ」

「転がる石に苔はえずじゃ、職場を替えるではないぞ」

「窮して変じ、変じて通じるという言葉がある。人は窮地に追い込まれて、とことん困った時がチャンスだ! どん底に到達するとだ、智慧《ちえ》が働き、解決の道が見えてくる。万策尽きてだ、もう駄目だと思った時が来たらだ、しめたと思いなさい」

「君達はこの寺で修業をした以上、私が親だから困った時あったら来るんだよ。アポイントはいらぬぞ。今度来た時は、待たせず会うから遠慮なく来るんだな」

最後に大老師は「お金を貯めることが大切だな。小遣いの半分を貯金するんだな。無駄遣いしたら、ああ一月分無くなったと思え。まず、結婚まで百万円は貯めないかん。しかし実際には十万円貯まればいいところだろう。だからそのお金を元にして、株を買ってもよろしいが、借りて買ってはいけません。信用取引もいけません。必ず自分のお金でやらなければ失敗するよ。十万円くらい貯まるまでは、じっと、研究することが大切だな。そうだ、毎年毎年『老師、これだけ貯まりました』と見せに来なさい」

「やがては、一国一城の主になれよ。その時の心得はだ、十人の時は十人の社長、百人

「和」（梶浦逸外老師・筆）

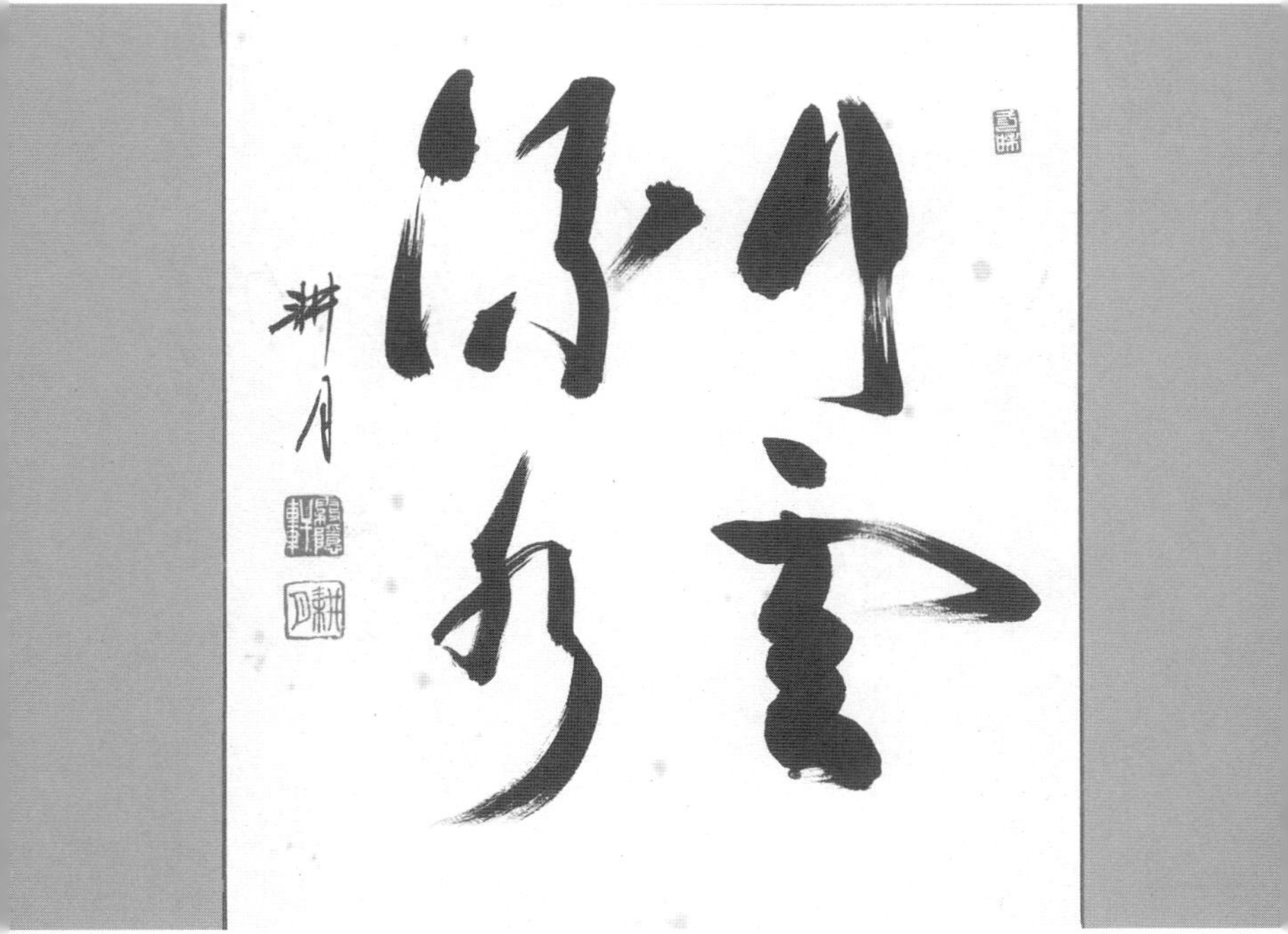

「月雲深水」（谷耕月老師・筆）

の時は百人の社長、千人の時は千人の社長になれ」

いろいろ貴重な訓示をいただいた。

暇乞いの挨拶をすると「仲良くやれよ。仲良くすることは大切だよ」と言われ、「君達にこれをあげよう」と用意していた色紙を渡した。そこには『和』の一文字と逸外と記されていた。このような立派なものをもらえるとは思いもしなかった。そして、身に余る感激で部屋を辞した。

「よし、絶対やって見せるぞ！」と心に誓った。

昭和三十五年一月七日、谷耕月副寺に修行中お世話になったお礼と別れのあいさつをして、正眼寺の門を出た。

バス停まで三人の雲水が見送りに来てくれた。その時、星野が「肉を食いたい！」と叫んだので、みんなで腹を抱えて笑った。

寺の修業は厳し過ぎてなかなか入り込めないと躊躇する人もいるが、二人にとっては多大な収穫を得た貴重な体験であった。

泰義は社会人になって早く母親を幸せにしたい気持ちに満ちあふれ、「ここで教わったことを絶対に実現させるぞ！」と心に誓った。修業で学んだことは、泰義のこれからの人生の随所に、生かされるのである。

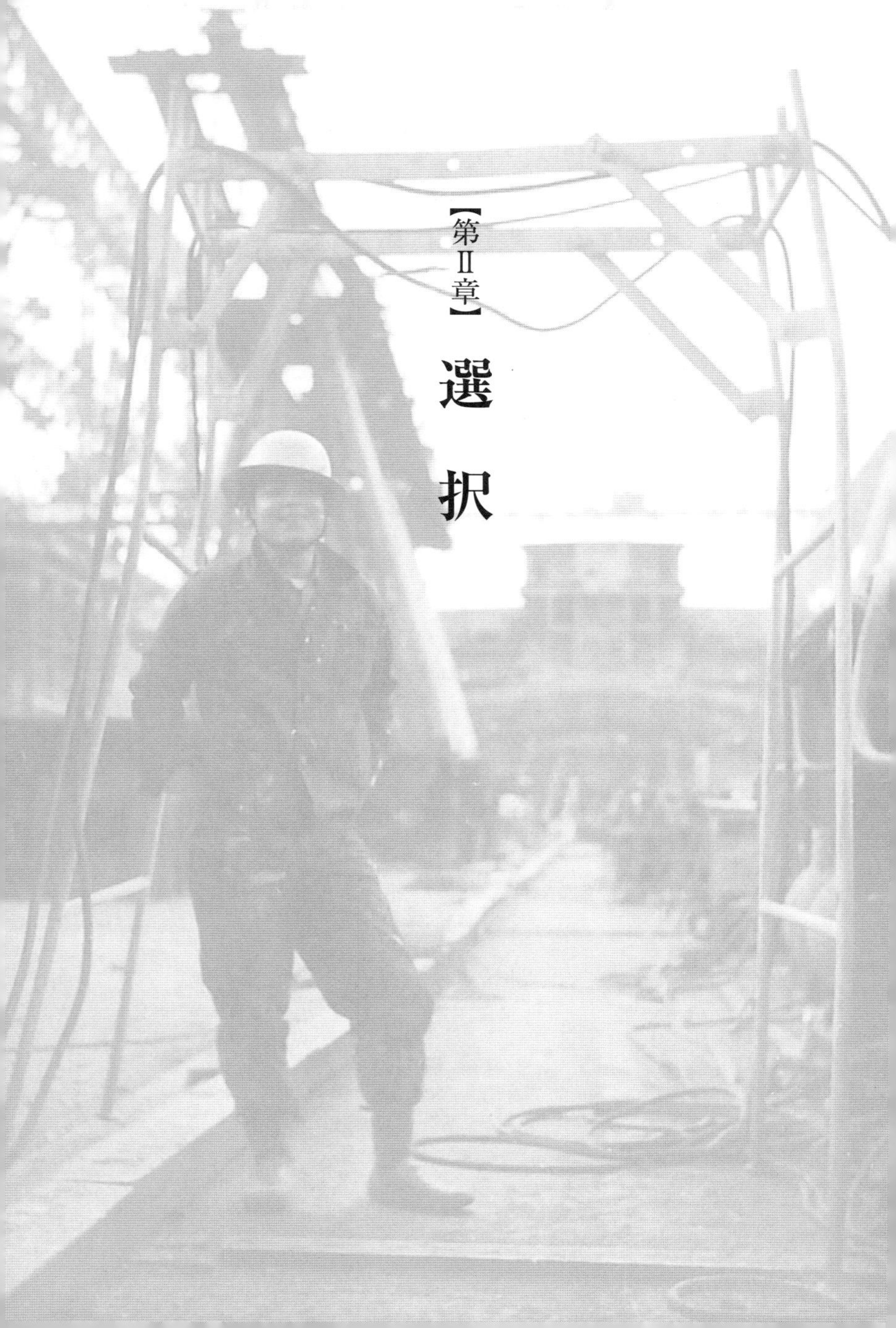

【第Ⅱ章】選択

モノづくりへの道標

泰義がモノづくりに興味を抱いたのは、中学三年間通して薫陶《くんとう》を受けた担任の武藤正文先生の影響がおおきかった。

「田舎から一歩飛び出したところで教育を受けさせてやりたい」と武藤先生は思っていたに違いないと後になって泰義は気づくが、英語力をつけないといけないからと、暗記単語帳などもそっと渡してくれた。

「敗戦国で、しかも資源の乏しい日本は外国から資源を輸入し、それで製品をつくり輸出して、外貨を稼がなければならない。これからはモノづくりの産業が主流になる」と教わった。

戦後の混乱期はモノが乏しかった。玩具も何もなかった。子供たちはナイフで木や竹を削り、釘を打ちつけたり曲げていろいろな遊び道具をつくった。モノづくりは生活の一部でもあり、武藤先生の話は理数に強い泰義の脳裏をいたく刺激した。

高校入学のため名古屋へ

昭和三十二年、岐阜県郡上郡の相生中学校を卒業してモノづくりがしたい一心で、迷うことなく笠松町にある岐阜工業高等学校の工業化学科を受験して合格した。

この年は三人の生徒が岐阜工業にチャレンジした。開校以来初めてのことだったが、三人とも合格した。学校では大変な出来事として大いに盛り上がり、田舎の中学での教育に先生方が自信をもった。

泰義は、母方の伯父である加藤勝俊の家がある名古屋市中村区稲上町に居候させてもらい、笠松まで通学することになった。

授業料は月額千三百円、軍人遺族選奨生としてもらった奨学金千円を学費にあてた。母からは二千円の仕送りを受けた。

母が生活費を切り詰めて送ってくれたお金であることがわかっていたので、無駄使いは極力おさえ、小遣帳をつけた。友達との貸し借りはすべて記帳し、貸したお金は必ず返してもらい、またその逆もあったが、明確に記帳してトラブルのないように心がけた。

この時に培われた金銭感覚は、今も脈々と生き続けている。泰義は当時記した思い出の小遣帳を〝経営の原点〟として大切に保存している。

泰義の母の母校は、椙山女学校（現在の椙山女学園）だった。偶然にも、ベルリンオリンピックの金メダリストである前畑秀子と同学年であった。卒業アルバムには、彼女のサインが入っていたという。

そんなこともあり、泰義は迷わず水泳部に入部した。そして、ここでも節約の方法を考えついた。当時の男子の水着は、六尺（百八十センチ）のふんどしであった。泰義は三十円のさらしを半分に切り割いて二本のふんどしをつくり、それを締めて泳いだ。

伯父は反物を巻く「芯巻板」を製造しており、泰義をわが子のように可愛がった。泰義は「何時も世話になり、申し訳ない」という気持ちから、休日はできるだけ仕事を手伝った。伯父には勝弘と哲也の二人の息子がいた。泰義にとって従兄弟にあたるが、二人とも年上で三人兄弟のように充実した日々を送った。

長男の勝弘は、母方の伯父が経営する「山平鋳造所」に勤めていた。勝弘は早朝、泰義と哲也の弁当を毎日つくり、出勤していた。残業も多く、人手不足と職場環境が悪いため社員にそのしわ寄せがきて、いつも真っ黒になり疲れきって帰宅していた。

泰義はその様子をいつも見ていて、「大変な仕事だなあ、何とか楽に仕事が出来るようにならないものか」と心底から思った。勝弘は薄給の中から、二人を中日球場（現ナゴヤ球場）に連れて行ってくれたりもした。

工業化学科の授業

工業化学科の授業は一般の教養課程と専門の物理化学、電気化学、有機化学、無機化学、アイソトープ、有機合成化学などがあり、いくつかの仮定の上に立って一定の目的方法のもとに、対象を系統的に研究する授業だった。工業技術についての進歩、発展、開発など将来どのように変化を遂げて行くのか深く掘り下げた内容ではなく、ただ単に教科書に記載されている通り一辺倒の内容だったのである。しかし、こうした授業は泰義が求めるモノづくりに役立つ実技をともなわず、不満だった。

「教科書通りに、これとこれをしたらこうなると書いてあるから実験をして確かめるだけで、むしろ確かめるのなら、さらに推し進めてこれとあれをしたらどうなるか、もっと自由な実験があってもいいのではないか。失敗や危険を恐れるあまり、実技の体験を極力避けてやらさせてくれない。工業化学科にも昔は豪快な先生がいたようで、『こんな実験室、吹っ飛んだって新しいものが発明されるならいい』というような先生が今こそ必要ではないのか。いないことの方が問題ではないのか」

　泰義はそう思った。

　二年生になった時、担任の先生に「この頃の若者は昔に比べると覇気がない、希望が小さいと世間の大人達が話している」と言われた。

「本当にそうだろうか。その言葉をそっくり熨斗《のし》をつけて返してやりたいくらいだ。先生こそ聖職を捨て、すっかりサラリーマン化してしまっているではないか。とにかく細かいことに干渉し過ぎる」

　昼休みに生徒達は教室でよく将棋を楽しんだ。すると先生は見つけ次第取り上げた。あたかも先生としての任務であるかのようであったが、泰義にはそれが不満だった。

「何も授業中にやっているわけではない。休み時間のひと時を楽しんで何が悪いのか。それともこのことが将来社会生活にどれほど影響するというのか、納得できない」

　それで生徒達は将棋をやめなかった。見張りを立て、先生とのいたちごっこを続けた。

職業選択の原点

授業で電気鋳造というものがあることを知ったが、それは四～五行の簡単な説明だっ

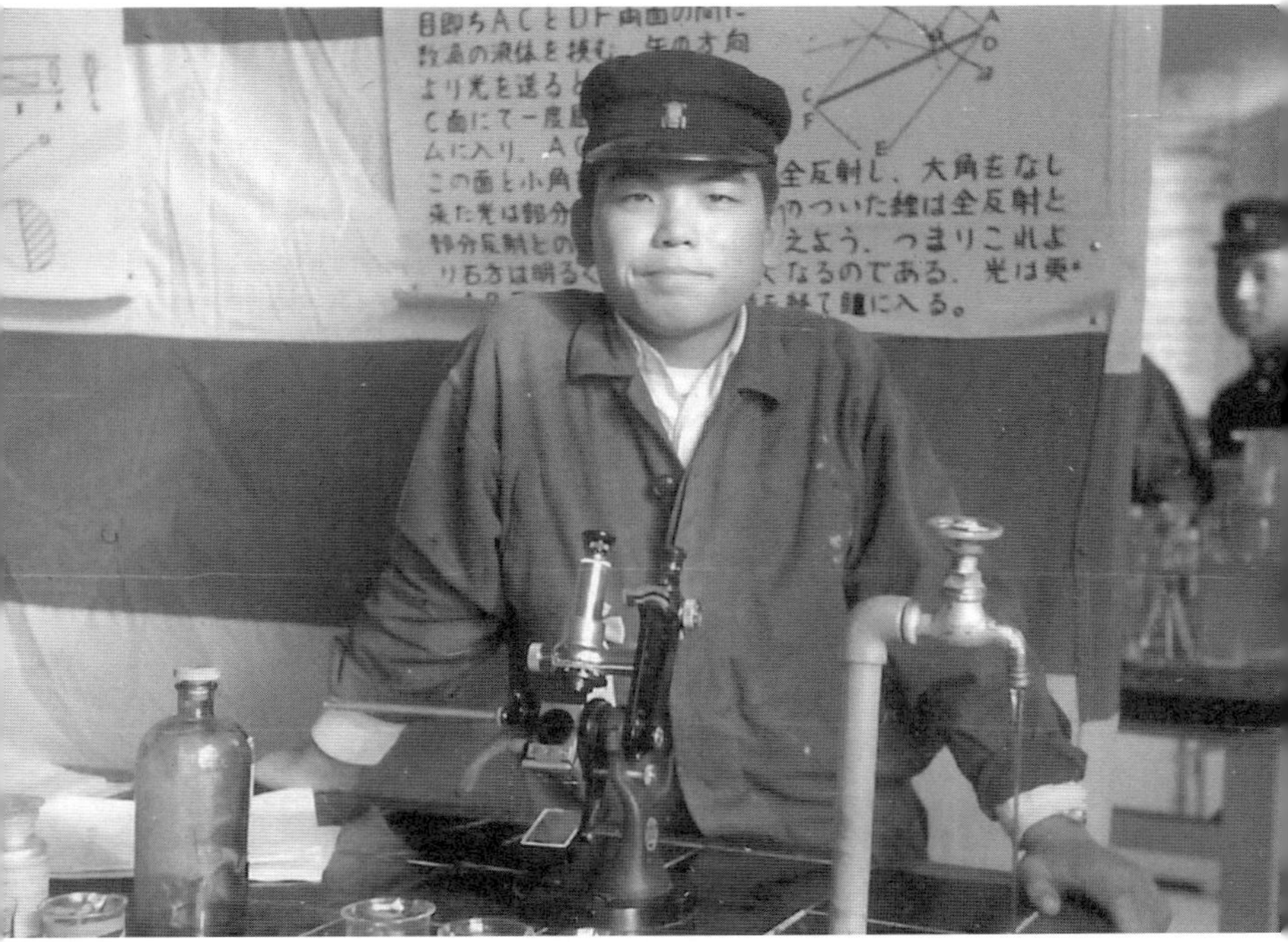

高校２年の研究発表会で

た。

「これを勉強すれば、勝弘兄貴を助けてやることができる」

そう強く思ったが、簡単な説明で終わった。

そんなある日、勝弘が顔にひどい火傷を負った痛々しい姿で帰宅した。家族が驚いて理由を聞くと「湯（溶けた鉄）が飛んだ」らしかった。

高炉は石炭やコークスを使用する。溶けた鋳物を砂型に流し込む際に、時折ゲップのように後から空気が噴出すると鋳物も一緒に飛び散ることがあった。危険をともなう仕事である。泰義は、何としても勝弘を助けたいという思いをさらに強くした。

新素材開発の将来性についての授業は泰義が最も興味を引くものであり、その中の一つはエネルギー問題であった。産業の発展と共に変化の兆しとして、現在熱源の主流である石炭、コークスから石油、ガス、電気、さらに原子力と、用途別に将来発展して行くエネルギーの活用について教えてもらった。

中でも先進国アメリカでは、大企業の工場において、石炭やコークスによる鋳造から、電力による鋳造が行われていることを非常に印象深く感じた。

思えば、愛知の瀬戸物も薪を焚く登り窯からプロパンガスによる製法に移りかわり始め、電気等による生産方法が変化する一方、従来の生産方法を守り、より効率的に製品化を続けるということも知った。

昭和三十年代は、移り行く技術の多様化の幕開けの時であったと言えよう。「電気」と名のつくものが、快適な生活環境、工場での生産環境を大きく変える時代の切り札としてもてはやされ、中でも洗濯機、冷蔵庫、テレビが「三種の神器」としてしっかり根を下ろしてきていた。

毎朝、氷屋さんが配達してくれていたものが冷蔵庫に代わり、ほうきが電気掃除機にとって代わる時代なのだ。

何と言っても女性に一番恩恵を与えたものは、電気洗濯機であろう。電気による可能性が急速に広がりを見せていた時代である。泰義の頭の中には「電気鋳造」という考えが焼きついた。

ところが、いざ就職となるともうそんなことは全く頭になく、ただただ就職先が見つかれば良いという思いでいっぱいであった。それほど就職難の時代であった。

スタートはつまづいたかに見えた

昭和三十四年七月に入ると就職活動が始まった。三年生になった泰義は、社会人になるための準備は充分出来ていた。スタート台に立ちホイッスルを待つばかりで、早く就職したいという気持ちで満ちあふれていた。

就職希望者は先を争って安定した会社に面接を申し込み始めたが、泰義は就職活動には加わらなかった。母から「お前は、就職活動はしなくてもいい。縁故で大企業の三菱石油（現JX日鉱日石エネルギー）に入社出来る手はずがあるから」と言われ、安心しきって全てまかせていたからだ。

ところが、その話は根も葉もない嘘であった。騙されたと気づいた時は、夏休みも終わり頃であった。

母は、子供のために将来の教育費をコツコツと貯めていた。それに目をつけた母の知り合いが言葉巧みに就職先をほのめかし、「お金はすぐ返すから」と言って、人の良い母からお金を騙し取ったのだ。揚げ句の果てに「就職先を紹介する」という嘘までつかれたのだ。

母の落胆は、筆舌に尽くしがたいほどであった。腹立たしいが、ぐずぐずしてはいられない。泰義は急いで就職係の先生のところに行き、就職希望組に加えてもらったが、名のある企業はほとんど埋まってしまっていた。

「遅かったなあ、野田君。残念だけど残るは二社しかないよ」

先生は慰めてくれたが、ありがたいことにまだ二社残っていた。それは、名古屋ゴム（現豊田合成）と、井上護謨工業（現イノアックコーポレーション）だった。今でこそ

高校３年の時の里帰りで母を囲んで（右から泰義、母の同僚の大坪さん、弟）

どちらも一流の大企業であるが、当時はそうでもなかった。

受験前に、泰義は先生に尋ねた。

「先生、どちらが小さい会社でしょうか？」

「何！　小さい会社？　そうだな、片方が名古屋がついて、もう片方は個人名の井上だから、社名からすれば、たぶん井上護謨工業の方が小さいのではないか」

結構いい加減な答えだったが、泰義は先生の言葉にしたがい井上護謨工業を受験した。小さい方の会社を望んだ理由は、その方が活躍出来そうであり、自分を活かせると考えたからである。

「このうえは一刻も早く入社し、会社に貢献したい」

泰義の気持ちは高まり、入社の日を待った。そして、泰義の人生は「勝弘兄貴を助けてやりたい」という強い思いから、まるで見えない力に導かれるように進んでゆくのである。


歴史に「もし」は禁句だが、あえて言うなら、泰義の就職先が三菱石油であったとしたなら、果たして現在の野田泰義は存在しただろうか。あるいは井上護謨工業の求人が残っていなかったら、後のライフワークとなる電気鋳造に巡り合えたであろうか。

そのようなことを考えると、この不幸な出来事が「災い転じて福となす」を地でいったことになるのではないか。それにしても不思議な因縁のなせる技である。

電鋳への赤い糸

昭和三十五年四月、井上護謨工業に入社後、安城市にあるＭＴＰ化成というウレタン発泡を主体とする国内では有数の会社に配属された。

さらに、入社間もなく硬質ウレタン扱う製造部隊に配属された。流れ作業の一角で仕事をするのではなく、いつも変わった仕事が与えられて、その都度試行錯誤の繰り返しでとても面白く、先輩たちとも楽しく過ごすことが出来て満足していた。

就職すれば他人は十分な仕事をするが、泰義は梶浦老師から「十二分に仕事をしなさい」と教えを受けていたこともあって、積極的に仕事に取り組み、一生懸命働いた。

ところが、ウレタン製造の過程で発生するイソシアネートガスで一生懸命働けば働くほど徐々に体調を崩していったのである。

いよいよ咳が止まらなくなり、寮に帰ってもその状態は続き、夜には布団に横になることさえもできず、壁にもたれて小さく息を吸って、徐々に吐き出して呼吸を整えることを繰り返して朝を迎えるといった日々が数カ月ほど続いた。

出勤しても眠れないため、瞬間的に寝てしまうことも度々あった。上司も気遣って、現場作業から設計部署に配置転換した。

そこで、設計課にいた泰義が工業化学を学んでいた関係から、思いがけなく電気鋳造技術の仕事を依頼されて取り組むことになった。全く不思議でならないが、こんな形で電気鋳造に出会うこととなるとは思いもしなかった。

さてここで、電気鋳造とは何かを説明しておかなければならない。

いわゆるメッキの厚付け（通常のメッキ厚の一千倍ほど）した物を原型からはがすと貝殻のように見えることから「電鋳シェル」とも言う。

この技法は鋳物鋳造とはまったく異なる。鋳物鋳造は溶かした金属を型の中に流し込むのであるが、電気鋳造はメッキ液の中で電気分解した分子がつくりたい物（陰極）の方について次第に厚みを増していく。これが電気鋳造で、略して「電鋳」と言う。一般金型では二ミリくらいから二十ミリぐらいの厚みの物を使うことが多い。

特徴は、分子単位で蓄積して厚みをつくることから、大変精密な転写が出来るのである。したがって、自動車の内装の金型にはよく使われている。

翌昭和三十六年十一月に名古屋工業大学で「協豊会短期大学講座」が発足した。トヨタ自動車工業（現トヨタ自動車）の石田退三社長が先頭に立って「企業は人なり、人を育てるべし」との号令の下、取引のある会社に推し勧めた。

MTP化成の硬質ウレタン部の仲間たちと

泰義は会社から推薦を受け、夜間授業を受けるためにオートバイで二年間通った。各社から推薦された社員も、みんな真剣に授業を受けた。泰義にとって本当に楽しい時間となった。

会社では硬質ウレタン業務に携わった。硬質ウレタンとは防音と断熱、軽量を兼ね備えた素材で、新幹線の車両の内側に新素材として使用が決まった。

物性試験と現場の業務に日々明け暮れた。先輩はいつも温かい眼で後輩の面倒をみた。素晴らしい社風で、開発に生きがいを感じていた。

昭和三十七年、泰義のところに電鋳の業務が舞い込んできた。

「君は化学屋だから、クラウンのアームレスト(ドアー部に取り付けられている肘かけ)を電鋳型で表皮を生産するから取り組んで欲しい」

国産車では初めての試みであった。アメリカの型を参考にと見せられた時、「これが夢にまで見た電鋳型か」と不思議な巡り合わせを強く感じた。そして、まるで見えない赤い糸に引き寄せられるように、電鋳に導かれていった。

昭和三十八年、後輩の辻義照と二人三脚で試行錯誤を繰り返してアームレストに取り組んだ。最初は、木型を作って本革模様の繋ぎが見えないように張る作業だが、なかなか思うようにいかなかった。

形状が靴の形に似ているところから靴屋さんにも何度か通って、何とか頭に描いているものが実現出来ないものかと願ったが、期待はずればかりであった。

残された時間もなく、自分達で工夫をして作り込むしかないと決め、あちらを押さえたり、こちらを引っ張ったりし、試行錯誤の末にやっとモノにすることが出来た。電鋳装置もメッキ屋から学んだが、失敗の連続を重ねてなんとか使えそうな電鋳設備が出来た。

しかし、あいかわらず泰義の体調はすぐれず、夜中に咳込んで眠れない日が続いた。そんな時、梶浦逸外大老師の言葉が浮かんだ。

「転がる石には苔はえずじゃ。職場を代えるでないぞ」

会社に不満があるわけではない、どうしたら良いか思いあぐねた。

再び正眼寺を訪ねる

このまま在籍するか、退職するかで泰義は迷った。迷いに迷って正眼寺に相談に行くと、面会に応じてくれたのは、梶浦逸外老師であった。

一通り、経緯を話して「会社を辞めるべきか、このまま続けるべきか」を尋ねると、「う〜む」とうなったまま後につづく言葉を発しなかった。しばらく沈黙が続いた。

そうしている内に背後から雲水の大きな声が届いた。

「老師、次のお客がお待ちしております。いかが致しましょうか」

「通せ！」

泰義は一礼してその場を辞した。わらにもすがる思いで老師に行くべき道を尋ねたのだが、何も答えてくれなかった。正直、失望した。

帰りの道すがら、ずっと自問自答した。すると、逸外老師の苦り切った顔が脳裏をかすめた。その刹那《せつな》、泰義はとっさに老師の心を感じ取った。

「退職するもしないも、お前さんの体に聞きなさい。仮に退職するなと話したらさらに体調を崩すことになる。退職しなさいと話すと会社への未練が沸き立つ。そのようなことは軽々に言えない。自分自身で判断して決めるのが良かろう」

老師の声が、聞こえるように感じた。

「そうか、老師があえて答えなかった意味がわかった」

そして数日後、未練を断ち切り退職願を提出した。昭和三十八年十二月、先輩や同僚らに惜しまれながら退職した。

およそ三年八ヵ月に過ぎなかったが、思い起こせば、在籍中は言葉で表せないほどの体験をした。良き先輩の指導を受け、良き仲間に恵まれ、会社から名古屋工業大学の夜間部で二年間勉強する機会を与えてくれたことなど、身に余る幸運な日々であった。

さらに、遺族会の計らいで靖国神社参拝の機会をえた際も、入社間もないにもかかわらず快く送り出してくれた。このことは人生の大きな励みと、亡き父への誓いを記すことになる大きな出来事となった。

靖国神社へ参拝

郡上八幡からバス数台に分乗して、遺児ばかりを集めた参拝であった。広い境内の石畳を踏み、大きな鳥居をくぐって威厳のある本殿へと向かった。本殿入り口より案内されて正式な参拝殿に導かれた。

宮司がゆっくりとした口調で切り出した。

「よくお参りに来てくれました。今からここに、皆さんのお父さんが目の前にお出ましになられます。みなさんは、日頃の思いの丈を心ゆくまでお話し下さい。お父さんは、お聞きになっておられます」

静寂な空間に、ゆっくりと時間が流れた。泰義は父の無念さを思うと涙が止めどなく流れつづけた。

「親父の分まで頑張って生き抜くから、見ていてくれ。そして、モノづくりの技術者として必ず成功して見せる。どうか見守ってくれ」

涙に濡れたハンカチを握り締め、何度も何度も頭を畳にすりつけんばかりに、心の中で繰り返し誓った。それは人生をかけた父への誓いであった。

すると不思議なことに、その間、本当に父の気配が感じられ、目の前に現れたような気がした。研ぎ澄まされた五感は、混沌の中でも確かにその姿を感じとった。

泰義は、父親を終戦を間近にして戦地で亡くした。そして焦土と化した生まれ故郷の名古屋を離れ、疎開地の郡上郡相生で女手一つで育てられた。だから泰義の人格形成は、第二の故郷である郡上郡相生ではぐくまれたと言える。

それでは泰義の生い立ちを、誕生から順を追って話を始めることにしよう。

【第Ⅲ章】 疎開

誕生と開戦

深遠な森が広がる熱田神宮の近く、名古屋市熱田区図書《ずしょ》町に三菱重工業の社宅があり、野田孫一と八重子夫婦が住んでいた。孫一の勤務先は三菱重工名古屋工場で、「零式艦上戦闘機」いわゆる〝零戦〟の技術工として、日夜休みなくその生産にたずさわっていた。

昭和十六年十月四日、野田夫妻に待望の長男が誕生した。それは、真珠湾奇襲のわずか二月前のことである。父親になった孫一は、沸き上がる喜びを胸に、誕生したわが子の名前をつけるために姓名学を駆使して候補をいくつかあげた。そしてさらなる思案の末、泰義と命名した。父がどれほど姓名学を勉強していたかを母から聞いていないが、泰義は自身の名を大そう気に入り、感謝している。

泰義は短い時間であったが、両親の愛情を一身に受けて育った。

泰義が二歳になる時、弟が誕生した。ふたり目の男の子が生まれたことで両親はある決断をした。当時、母方の兄は名古屋市中区飴屋町（現在の上前津あたり）で、代々続く仏壇の製造販売を業とする加藤仏壇店を経営していたが、子宝に恵まれなかった。

「伝統ある老舗を、つぶすのは忍びない」

そこで孫一は次男を加藤家に養子に出すことを決意し、加藤家の姓に合うように恭造と命名したのだった。

出征と父の死

岡山県の水島に工場が出来、孫一はそこに配属された。そこで「一式陸上攻撃機」いわゆる〝一式陸攻〟の生産に従事した。

戦雲急を告げ、配属されて間もない昭和十八年十一月五日に孫一は出征した。当時のことを泰義はほとんど記憶していない。

ただおぼろげに、その日の水島の空は曇っていたことと大きな松の木が立つ小高い堤に父と母、生まれて間もない弟が祖母に背負われていたこと、そしてそこから広場が見え、出征する大勢の人達を眺めていたことを記憶しているだけである。

泰義は父につきそわれ、大きな松の木の根元で小便をさせてもらった。その時、何かを話したと思うのだが記憶がない。このひと時が父との最期のふれあいであり、永遠の別れであった。

その後、母と祖母が泰義の手をしっかり握り、父親を見送ったであろうことも覚えていない。

二歳の泰義と零歳の弟を残し、出征する時がいよいよ迫ってきた。どんな言葉を交わして大勢の中の一人になっていったかはわからないが、ただ当時二十八歳の孫一の心境を察するに、万感の思いを残して旅立っていったかと思うと、言葉にならない。

それから間もなく、戦地から八重子宛に数通の手紙が届いた。どの便りも決まって「泰義は元気にしていますか。成長が今から楽しみです」、そして結びは「自分は元気でいるから案ずるな」で終わっていた。

検閲が厳しかったこと、家族に心配をかけまいとする気持ちがあってのことであろうと推測される。

終戦がせまった昭和二十年六月二十一日に、仏領インドシナ（現在のベトナム、ラオス、カンボジアに相当）で戦死（病死）という報告が家族のもとに突然届いた。悔やまれるのは、同盟国のイタリアは五月四日に降伏に同意し、ドイツも五月九日に降伏文書に調印していたことだ。

日本の終戦は八月十五日で、イタリアやドイツと同時期に迎えていたならば、あるいはと思うと残念でならない。

まだ三十歳の若さで、異国の地で帰らぬ人となった。高熱にうなされ、苦しい息のなか命が尽きる瞬間まで妻や幼い二人の子供のことを思い浮かべていたであろうと思うと、父の無念が泰義の心を今も激しく揺さぶるのだ。

八重子は夫の死を真摯《しんし》に受け止め、人前で取り乱すことはなかった。若くして未亡人となった八重子は、二人の子供に自らの人生をかける決意をした。

孫一が勤めた水島工場はＯＢの組織がしっかりしており、今でも機関誌を作成している。後に、泰義は父が過ごした会社での業務や生活環境等を教えてもらった。

そして、鈴鹿航空隊で兵装を満載して南方の戦地へ飛び立って行く〝一式陸攻〟の勇姿を、見送った人が撮った写真をもらった。少ない父の足跡を忍び、当時の姿をおぼろげながら感じとることが出来、身の震える思いがしたのだった。

名古屋大空襲

昭和十九年七月、サイパン島やマリアナ諸島がアメリカ軍に制圧され、それ以降、そこを基地として本土空襲がはじまった。敗戦も時間の問題となった昭和二十年三月十三日、名古屋が大空襲をうけた。

Ｂ29爆撃機が東区の三菱重工名古屋発動機製作所大幸工場に本格的爆撃を行い、工場が跡形もなく壊滅する四月七日までの二十六日間、徹底的に爆撃が繰り返された。その無差別攻撃は民家が立ち並ぶ地域にもおよび、無残にも多くの幼い子供や女性が巻き添えになった。

五月十四日には国宝の名古屋城が炎上し、焼失した。六月九日には野田家がある熱田区の愛知時計電機が標的にされ、七月二十六日まで実に六十三回もの爆撃が繰り返された。当時の記録によると、Ｂ29の来襲二千五百七十九機、死者は七千八百五十八名、被害家屋十三万五千四百十六戸とある。こうして名古屋はすべて炎に包まれた。

熱田空襲の時、泰義は防空ずきんをかぶせてもらい、祖母こうに背負われて逃げ回り、堀川沿いの防空壕にやっと避難して九死に一生を得た。惨劇の状態から察するに生存は奇跡といってよかった。泰義は、閃光と大きな火柱が二つ上がったような記憶を断片的に覚えている。

これらのすざまじい空爆により、建物はいうまでもなく一木、一草残らず全て焼きつくされ、名古屋市は遠くまで見通せる廃墟と化した。野田家も家財道具一つとして残せず、焼け出された。

名古屋を離れて疎開

名古屋が爆撃をうけ、野田一家は焼け出されて父親の在所である郡上郡相生村那比《なび》(現郡上市八幡町)に身を寄せたが、あまりにも狭かったのでそれを見かねた那比久蔵の伊藤家が受け入れてくれた。

伊藤家は江戸時代から代々続く庄屋で、野田家のために小家《こいえ》を用意してくれた。伊藤家では家族同様のようにしてもらい、自由に出入りしていた。

泰義は新聞を借りて来ることが日課になっていた。農作業に出かけて誰もいない居間には数日前からの新聞が無造作に置かれていたが、インクの匂いを嗅ぎ分けることで新しい日付の新聞を借りてきた。新聞は日々世の移り変わりを知ることが出来る、生活の必需品であった。伊藤家が優しく迎え入れてくれていることを、泰義は幼いなりに感じた。

この相生村は、泰義の幼少期に大きな影響を与えた。そして郡上弁を話せるようになるのに時間はかからなかった。しかし、郡上弁は独特の響きがあるので、ここで育った者は他の地域で耳にするとすぐに郡上育ちだと分かる。

泰義には忘れられない日常生活の一コマがあった。村人はお互い顔が合うと「ヘッ!、アッ!」という挨拶を交わす。「ヘッ!」で深々と頭を下げる。次に「アッ!」で上げるのである。ともかくリズミカルで、心地好い響きがあった。

相生村は辺り一面自然の恵みに満たされた山里である。近くには那比《なび》川が流れ、森や林、村を包み込むように山々が連なっていた。

那比川には鮎、アマゴ、チチコ、ウグイ、アジメ(ドジョウ)、時にはサツキマスも長い旅を終えて戻ってくる。そして、里山にはチチ芽、アズキ菜、タラの芽、イタドリ、ウド、ぜんまい、フキ、こごみ、キノコ、ゆきのしたなど数え切れないほどの豊富な山菜が、四季それぞれに生えていた。

祖母に連れられ、毎日のように泰義は山菜採りに出かけた。食事はいつも雑炊か水《すい》団《とん》、芋粥であった。これらは食事の量を増やすためだった。泰義は山菜採りよりも山で遊ぶことが、何よりも好きだった。

子供にとって森や林、そして小川は格好の遊び場、狩猟場であり、また実験ができる場所でもあった。蝉やカブト虫、クワガタ虫、カミキリ虫、カマキリ、トカゲ、ヤモリ、イモリなど、小川にはタニシ、カワニナ、蛙、トンボ、夕暮れには蛍の舞を見ることができた。まさに昆虫や魚の宝庫で、これらとの触れ合いが幼い泰義に刺激を与えたのだ。

いつも近くの森や林を探検したり、駆け巡り、時には昆虫同士を戦わせたり、トンボ

相生村の風景。中央に見えるのが相生小学校、その奥が相生中学校（昭和32年）

の尻尾を切ってかわりに草を刺して飛ばしたりもした。カエルのお尻に麦わらを突っ込み、空気を吹き込んで遊んだりもした。

八重子の子育てはツバメに似て、二人の子供へえさを運ぶのに必死だったので、何をやっていいようと目の届かない環境にあった。その環境こそが大変良かったのではないかと後に泰義は語っている。

こうした悪さが、やがて物言わぬものへのいたわりや慈しみなど命の大切さを学ぶことにつながった。その後は、幼虫を飼って自然に返すことに喜びを感じるようになった。

こうした幼少時の体験が、長じてモノづくりに携わることになった時、原点といえる自然の摂理をこの相生の森で身をもって学ぶことができた。

便所はアリ地獄

田舎暮らしは四季の移ろいに合わせて時間は静かに流れるが、その流れのなかでいろいろな試練を経験した。今も泰義の脳裏に鮮明に思い出されるすのは、厠《かわや》（便所）であった。

田舎の厠は屋外にある。それは衛生上の問題で住居から離したということもあるが、排泄物は畑の肥料として大切に扱われており、作業がしやすいような場所にあった。

伊藤家の厠はしっかりした立派な建物で、石組で出来た便槽が溜め池のようになっていた。そこに隙間を開けて二枚の足場板を渡し、その板に片足ずつ乗せて用をたすといった仕組みになっていた。人呼んで「ボットン厠」と言う。ただ、隙間は大人用にあつらえていたので、幅が広かった。それはどの家も同じで、いたってシンプルな仕組みだった。

養蚕の時期になると、蚕が食べ残した桑の葉や蚕の糞が溜め池の中に捨てられる。適当に溜まると「肥え桶」二つにひしゃくでくみ入れ、天秤棒で担いで一里（四キロ）近くの道を畑までせっせと運ぶのである。

余計な詮索ではあるが、桶二つでたっぷり五十キロほどの重量があったのではないか。昔の人は痩せてはいたが力があった。

その他にも、農家の人は大切な肥料を得るために、近所の家々を汲み取り（もらい肥え）に回り、良好な関係を結んでいた。収穫期をむかえた際には、農家からお礼の野菜が届けられた。今では考えられないエコロジーな生活であった。

ここで筆者は田舎の厠の機能について、ただ物知り顔で書き綴ったわけではない。筆者も疎開した経験があり、仕組みは同じだった。

子供にとって夜の厠は暗くて怖いので、小便は庭先でまき散らすか、大人がついてきてくれたが、落とし穴は昼間にあった。泰義がいつものように二つの板に足をかけた時、バランスを崩して、見事、肥溜めに尻から「ドボッ！」と落ちてしまった。

意外に深い便槽で、もがけばもがくほど沈んでいく。大声でわめいていたら、母屋のおばさんと祖母が何事かと飛んで来てくれた。

汲み取り前の溜まりは、発酵した異様な匂いとウジ虫がピクピク泳ぐ天国で、二人は手ぬぐいを口と鼻に当てて引き上げた。すぐさま丸裸にされ、下の谷川で汚れを落とした。

母屋のおばさんは洗いながら「厠に落ちた子は出世すると昔から言うよ」と慰めの言葉をかけてくれた。

結局、いくら洗っても匂いが体に染み込んで、五日間くらいとれなかった。その間、人気者の泰義に近づく子は一人もいなかった。

伯父の復員

月日は幾分たち、戦地から母の上の兄である加藤勝俊が、戦友の土屋さんをともなってやってきた。

土屋さんはいつも、何を食べても「こりゃー、うんまわー」と口ぐせのように言って食べる人であった。戦地と比べれば、何を食べても美味しかったに違いない。

小家には六畳が二間と土間があったが、そこに祖母、母、伯父、伯父の戦友、さらに二人の従兄弟がころがり込み、泰義兄弟とあわせて八人の暮らしがはじまった。途端に、わいわい、がやがやとにぎやかな暮らしになった。

すぐに伯父達の生活のための活動が始まった。雁首をそろえて思案し、たどり着いた結論は「芋飴」をつくることであったようだ。当時は砂糖がなかなか得られない時代だったので、ザラ目砂糖が持ち込まれた。これは夜の一家団らんの時にしばしばいろりを囲んで「カルメ焼き」を作っていたということからも推察できる。甘味を欠乏している名古屋の人にはきっと売れると確信したのだが、その考えの根本は、美味しい「さつまいも」が近くの農家から手に入ることにあった。

そうと決まると、材料を確保するためにそれぞれが役割を受け持ち、素早く行動に移した。

大きな缶と鍋が持ち込まれ、芋飴づくりがはじまった。サツマ芋を煮て、それを突いて布でこし、汁を大鍋に移して小麦粉とふくらし粉（重曹）を入れ、粘りが出るまで煮詰めた。戸板に小麦粉を厚めに敷き、鍋の中のドロドロのかたまりをあけた。指に息をかけながら、ひたすらねった。

柔らかな羽二重餅《はぶたい》のようになったかたまりを元気の良い伯父が肩にかつぎ、柱に思いきりたたきつけて伸ばす。それを何度も繰り返した。冷めたところで親指ほどに伸ばしてハサミで切り、小麦粉にまぶし、一斗缶に詰めて完成する。

八重子はできあがった芋飴を背負って名古屋まで出かけ、慣れない行商や物々交換をして夜遅く帰ってくる。八重子は視力が弱かった。おまけに道は細く、片側は谷であったので、暗い夜道は山側に棒を押しつけ、谷に落ちないようにして帰ってきた。時には米と交換して帰って来る時もあったが、駅で待ち構えている警察の取り締まりで没収され、情けない顔で帰って来る日もあった。

芋飴は甘い食べものに飢えていた街の人に好評をえた。その収入で八重子は日用必需品や子供たちに玩具などを買った。廃墟のような名古屋の街も、戦後復興の兆しが見え始めていた。

大家の息子が復員

その日は雲一つない青空が広がり、さんさんと陽が降り注いでいた。朝から伊藤家に地域の人達が大勢集まってきていた。こんなににぎにぎしい集まりは、泰義にとって初めてのことだった。

「みんなの晴れやか顔と久兵衛さんの上機嫌でほころんだ笑顔からすると、何かとても良いことがあるに違いない」

大勢の人の話を聞くと、戦地から二人の息子さんが無事に帰ってくるということらしかった。

やがて、その時がきた。村人の歓声と拍手がおこった。軍服に「金バッジ」を幾つもつけ、磨かれた革の長靴に軍刀、軍帽をかぶり、いかにも位の高そうな身なりの二人の男が挙手礼で人々に応えていた。幼い泰義にもまぶしいほど凛々しく見えた。両親の喜びは計り知れないものであったろう。

玄関は大きく開かれ、両親の出迎える姿に直立不動で敬礼し、「利一、政次郎、只今、帰還致しました」と大きな凛とした声が響いた。その後を追うかのように近所の人達が母屋に入っていった。

しばらくすると、この地方の祝い唄が手拍子と共に繰り返しうたわれた。

「高い山から谷底見ればヨ～オ」

「瓜や茄子の花盛りヨ～オ」

それに合わせてかけ声が響きわたった。

「もう一つドンドンドン」「もう一つドンドンドン」

その時、泰義は少し離れたカヤの木に持たれて聞いていた。父が戦死したことを母から聞かされてはいなかったが、どうやら帰ってこないだろうと感じていた。そのことについては、祖母も伯父達からも一切話されなかった。

あまつさえ父の面影がない泰義には、なおさら想いがつのった。両親と一緒に写した写真もあったであろうに一枚の写真すらも残らず空襲で焼けてしまった。何か物悲しかった。

太鼓の音と囃子唄が鬱々《うつうつ》とした寂寥《せきりょう》感を高め、一層苦しく胸をたたいた。泣きたかったがじっと堪えた泰義、数え四歳の夏であった。

心の暴発

復員の喜びを祝った伊藤家では、その数ヵ月後に再びあの掛け声が戻ってきた。今度は復員した長男の結婚式が行われたのだ。親戚縁者、村の人々が祝いに駆け参じ、盛大な宴となった。

その時も泰義は婚礼のにぎやかさから離れ、一人ポツンとカヤの木にもたれていた。おめでたいお囃子や太鼓の音が胸を打ち続けた。

結婚式も済み、一段落した時に事件が起きた。

久兵衛さんには可愛いがっている真っ白なうさぎがいた。泰義にも良く慣れ、庭に放すと後を追って来る。よく遊んでいた。だが、何かいたたまらない激しい感情が泰義を激しく揺さぶった。衝動的にいつものように近寄ってきたうさぎの耳つかまえ、バッサリと鎌で切り落としてしまったのだ。うさぎは血まみれになってあばれたが、やがて元気なくうずくまった。

常日頃、ニコニコして特に泰義には優しい久兵衛さんが、この時ばかりはは全身に怒りをあらわにして「なぜ耳を切ったのか！」と詰め寄り、うさぎの亡骸《なきがら》を悲しんだ。別にうさぎが憎かったわけではない。ただ、衝動的に持っていき場のない憤りが泰義の暗い心に蓄えられ、一気に破れたのだった。

歯を食いしばり、拳を握り締めている泰義に久兵衛さんは何かを感じ取り、それ以上とがめる言葉を続けなかった。しばらくして、二人でうさぎの亡骸を耳と一緒にして桜の根元に埋めた。あたりの人達も集まってきたが、誰一人口出しはなかった。

久兵衛さんは常に泰義の心の痛みをくみとり、優しく包んでくれる人であった。泰義はこの人から限りない尊い教えを受けて育ったといえる。この事が区切りとなり、父とのあきらめにも似た別れが出来たのである。

小学校入学

昭和二十二年四月、泰義は地元の相生小学校に入学した。小学校までの距離は約四キロあった。途中、級友の山下弘幸の家に寄って一緒に登校していた。毎日重いランドセルを背負っての通学はかなり疲れるが、帰りはまるでタイミングよく迎えにきてくれたような乗り物があった。

郡上一体は山林業が盛んで、小学校近くの駅に隣接した貯木場があり、引きも切らずに馬車が木材を運んでいた。乗り物というのは木材を下ろした空の馬車である。泰義達はぶら下がったり、腰かけたり、降りて道草をしたり、やりたい放題であった。

空の馬車はいつでも好きな時に、勝手に乗ってよかった。馬方も「危ないから乗るな」とも、「落ちないように気をつけろ」とも言わなかった。お互い話しかけも、かけられたりもせず、木材積出し場から貯木場の間をただ淡々と馬にまかせて往復を繰り返していた。おおらかで、馬子唄の一つも歌いたくなるような伸び伸びとした良い時代だった。

伯父達が名古屋に帰る

小学二年生になった時、同居していた伯父達と祖母のこうが名古屋に戻っていった。そして泰義と弟にあまり手がかからなくなったので、八重子は相生小学校に「小使（用務員）」として勤めることになった。親子三人は小使室の六畳一間に移った。昼の時刻になると泰義は小使室に飛んで行き、沸騰したお湯の入ったヤカンを各教室に配る母の手伝いをした。

ヤカンの中はただのお湯だった。毎日配達するうちに、いつしかそれが泰義の役割となっていた。慣れてきた来た時、廊下の渡り板につまずいて熱湯が両手両腕にかかって火傷をした。あまりの熱さにもだえていると母に「どうしたの！」と服の上から強く握られたので、思わず悲鳴をあげた。

服を脱ぐと、手と腕の皮がベロベロとめくれてしまった。それでも運がよかったのは、手当てをしてくれる人が偶然にもそばにいたことだ。「火傷は漢方で治せるから、すぐ準備をする」とキハダの粉を用意し、それに墨をすってキハダと混ぜて練り、練り上がったものを直に何度も塗り包帯を巻いた。毎日この処置を繰り返し、三ヵ月あまり経過するときれいに治っていた。

泰義が火傷をしたお陰で、ヤカンは担任の先生が運ぶことになった。本来なら八重子の仕事であったのだが、泰義は最初の親孝行ができたと思った。小使室は先生達の談話室のような場所になり、入れかわり立ちかわり来てよもやま話に花が咲き、八重子も楽しそうであった。

泳ぎは子供のたしなみ

子供が成長する過程の遊びには、いくたの危険が常につきまとう。子供達は遊びの内に泳ぐことを自然と学ぶのだが、高学年ともなると長良川を魚のように自在に泳ぎ、みんなから尊敬されるのである。

「自分も早く泳ぎを覚えて、あんなふうに泳ぎたい」

願望が先行するも、泰義はまだ泳げなかった。そこで、まずは水に慣れることが必須となる。川に恐る恐る入って、初めは腰から下の浅い所で度胸を決めて水中に潜り、川底の石を拾って浮かび上がる。こうした動作を繰り返し、やがて胸までの深さに挑戦して行く内に、水への恐怖心はやわらいでいくのである。

落とし穴は突然しのび寄ってきた。仲間たちと一緒に、いつも練習している場所より比較的流れが強く、また急に深くなっている場所に行った。いつもと違うと感じて慎重に川に入って川底の石の上に立っていたが、何かのはずみでバランスを崩して滑り落ちた。

立てると思っても、体が斜めになって足がつかない。動転して手足をばたつかせて助けを求めたが、岸にいる仲間は誰も気づいてくれない。もがけばもがくほど、深みにはまる。

「溺れ死ぬ！」

一瞬頭をよぎった。

「落ち着くんだ！　泰義」

どこからか声が聞こえてきてハッと我に返った。とっさの判断で、いつも潜って石を拾う練習をしていたように体を反転させ、川底の石に抱きついた。

「助かるかもしれない」

そう思うと、浮き上がらないように浅瀬に向かって石を抱きかかえ、ザリガニのようにしてなんとか岸にたどり着いてことなきを得た。岸にいた仲間達は、「バタバタさせて遊んどる」と思っていたそうだ。

翌年、一年下の豆腐屋の一人息子が、泰義が溺れた同じ場所で亡くなった。当時の小・

中学校はどこもプールがなく、近くの川で泳ぎを覚えていたのである。時には溺れて流され、アユ釣りの人達に運よく助けてもらう子供もひと夏に何人かあった。

障子に放火

八重子は小学校の勤めを辞めて田舎でとれる新鮮な野菜類を名古屋で売りさばき、地元で売れそうな品物を仕入れて、村の家々を行商して回り家族を養う生活に切りかえた。

泰義が小学校四年生になると、八重子は父方の伯父の村上正一から誘われて行商をはじめたが、伯父は何かと便宜をはかってくれた。この伯父は父の畑違いの弟で、村で鍛冶屋と農業を兼業で営んでいた。

住まいは八畳ほどの一部屋で、隣は作業場になっており、間仕切りに四枚の障子がはめてあった。

泰義が学校から帰ってくると、名古屋に戻っていた祖母がいつも笑顔で迎えてくれた。八重子が行商に出かけていることもあり、孫にさびしい思いをさせまいとあたかも母親の代理のように、あれやこれやと面倒を見た。父親を亡くした孫がふびんでならなかったようだ。しかし泰義は、祖母の愛情のこもったおせっかいが時にはわずらわしく感じていた。

そのような毎日を送っていたある時、突然、泰義のうっせきした衝動が頭をもたげた。見境もなく、障子に火をつけたのだ。それは一瞬の出来事で、火が生き物のようにバア〜ッと広がった。

「ウワ〜！　えらいこっちゃー」

思いもかけぬ火の勢いに、泰義は動転した。祖母も仰天し、「くわばら、くわばら」と震えながら傍観するしかなかった。

幸いにも障子を焼いただけでことなきを得たが、あまりの恐怖で火の怖さを身に染みつけた。

どうしてあのような異常な行動をしたのかはっきりしないが、どうやら泰義には、思い込んだら行動に移してしまうくせがあるようだ。

家宝の茶碗を割る

八重子の行商もひいき筋が増えて少し余裕が出来てきた時、思い出したように泰義と泰造を呼び、正座をさせた。

八重子は、子供達に最低限のお茶の作法を教えてやりたいと思った。

「いい、二人とも良くお聞き。これはお爺さんから譲り受けた大切な抹茶茶碗です。これで今からお茶の頂き方を教えてあげる」

古びた風呂敷を解き、年期の入った箱を開けると、古そうな布に包まれた茶碗がでてきた。

「この茶碗は油滴天目茶碗と言って、お爺さんがいつもお茶を点てていた、お母さんにとって思い出の茶碗なのよ」

いろいろうんちくを聞かされたが、二人とも覚えていない。それからというもの、三日とあけず作法の特訓が始まった。初めは真面目に教わっていたのだが、その内に飽きて座るのも面倒くさくなり、なぜか腹立たしくイライラが頂点を迎えた。またもや衝動的かんしゃくが頭をもたげ、泰義は八重子から茶碗を奪うと思い切り柱に投げつけて粉々に割ってしまった。

一瞬の出来事に八重子は声も出ないほど驚いたが、割れて砕け散った破片を拾い集めるしかなかった。突然の出来事に震え、その落胆ぶりはとうてい言葉に表すことが出来なかった。

「まずかったなあ」

泰義は心の内で反省したが、後の祭りである。現実を受け入れた八重子は二人を正座させ「形ある物はいつか失うとはいえ、これで伝える家宝はなくなった」と嘆いた。得難い代償を払った、苦い体験であった。

名古屋へ転校

昭和二十七年、祖母は加藤勝俊から「名古屋に帰って来たら」という呼び掛けに応じた。長年住み慣れた郡上を後にして生まれ育った名古屋で人生の締めを考えたようだった。

泰義が小学校六年生になったある日、伯父の加藤喜三郎から「卒業までの一年間、泰義を家で預かるから名古屋で勉強させてはどうだろう」という申し入れがあった。「頼りになるおばあさんも名古屋にいることだし、伯父さんの所でしっかり勉強するのも、良い体験になるのでは」と八重子も勧めた。

泰義は田舎から出たくてウズウズしていたので、二つ返事で転校を決めて世話になることにした。伯父と叔母にはその後も子供が授からなかったので、泰義を養子にしてなんとか跡取りになって欲しいという思惑があったようだ。

早速、転校の手続きをしてもらい、橘小学校に通うようになった。相生小学校では優等生で自信を持っていた泰義も、田舎と都会の学力の違いにがく然とした。学力は良くも悪くもない、ごく普通の生徒となった。負けず嫌いな泰義は悔しかった。でも、どうすることもできなかった。

転校して最初に出来た友達は、三宅尚光といった。長栄寺というお寺の子で成績も良く、席がとなりだったこともありすぐに仲良くなった。

ちょうどその時、名古屋の金山体育館では大相撲の夏場所を迎えるころだった。長栄寺は、出羽ノ海一門の宿舎になっていた。一門である春日野部屋も朝稽古は一緒だった。境内にはテントで囲まれた土俵があった。

当時人気の一門で、横綱千代の山、大関栃錦をはじめ、大起、出羽錦、常ノ山、鳴門海などそうそうたる関取がいた。大勢の地元の人々がテントを取り囲んでひいき力士の相撲ぶりをわくわくしながら見ていた。

朝稽古はピンと張り詰めた空気を破り、すざまじい光景であった。激しい気合いのもと、頭からガツンとぶつかる音、パッと飛び散る汗、何度も土俵に叩きつけられ砂まみれの若い力士の体から立ちのぼる湯気に圧倒された。

鋭い気合いと叱咤《しった》が飛び交い、土俵の下に飛ばされ、ふらふらになりながらやっと立ち上がった途端「もう一丁こい！」とまわしを両手でたたき、闘志を奮い立たせて死にもの狂いで大関に挑んで行く気迫に圧倒された泰義は、拳を握り締めて見守った。強くなりたい若い力士たちに強くさせたい兄弟子が積極的に胸を貸し、妥協を許さない激しい愛のむちが土俵上にあった。

泰義はぶつかり稽古に「あきらめるな！　最後の最後まで、手を抜くな！」と、自らを鼓舞している自分自身に気がついた。

学校から帰ってすぐ銭湯の「梅の湯」に行けば、関取と一緒に入ることも出来た。三宅君は小柄であったが、相撲はめっぽう強かった。成山関から教わっていると聞いて納得した。

泰義を養子に

夏休みになると、伯父夫婦は泰義を海水浴に何度か連れて行った。また仏壇造りが忙しい時、泰義は学校から帰ると小遣いをもらい、東本願寺別院の縁日に走った。見世物小屋では「牛おんな」、露天商では「ガマの油売り」など数々の売店が立ち並び楽しい時間を過ごした。

ある日、泰義が三宅君の自転車を交替で楽しそうに乗り回しているのを見た伯父は、早速、泰義を自転車屋へ連れて行き、高嶺の花であった最新式の三段変速付き自転車を買った。泰義は嬉しくて、夜は抱いて寝たいほどの喜びをおさえることが出来ず、母に見せたい一心で自転車で相生村まで走って八重子を驚かせたこともあった。伯父と叔母はとても優しく、泰義の欲しい物は何でも買い与えた。

泰義には忘れられない同級生がいた。薬屋の長男で、立川武蔵といった。何といっても人柄が良く、いつも笑顔を絶やさず目をしっかり見て受けこたえ、沈着冷静に行動して成績も学内で常に一番だった。

泰義は兄貴のような凄いやつだと思った。勉強で勝つことをあきらめ、都会に来た珍しさにドップリつかり、自転車を乗り回して休日は探索に余念がなかった。同級生達は良い学校には入ろうと、日夜、受験勉強に一所懸命になっていた。

橘小学校を卒業した泰義は、伯父が経営する仏壇店（現株式会社丸喜加藤）の跡継ぎになることを断って、郡上にいる八重子の元に帰った。泰義には、野田家の長男として家を守り抜く決意があったからだ。僅か一年間ではあったが、伯父叔母の愛情に包まれた幸せの日々であった。

母は森林組合に就職

昭和二十八年、泰義が相生中学校に入学すると、八重子は森林組合の住み込みの事務員に採用されたため、また住まいが変わった。林業関係、土木関係、そして苗木を扱う業者を含めて復興の余波は相生村にも押し寄せ、人の出入りが多く活況を呈していた。

登校前の受け持ちは、事務所の掃除であった。つぶした「お茶の実」を袋に入れて、それで廊下をみがいた。土間は「お茶の出しガラ」をまいて、掃き掃除をした。植樹の時期になると猫の手も借りたいほどの忙しさで、その時は泰義も猫の手となって働いた。

杉や松、檜の苗木を注文通り数え、リヤカーに積み、遠くは六キロほど離れた農家にも運んだ。積み荷を農家の軒先に降ろし、確認をしてもらうという日々が続いた。

今では信じがたいことだが、工事用のダイナマイトが入った箱が応接室にさりげなく持ち込まれていたこともあった。随分ずさんな扱いだった。

「坊、これはハッパ（ダイナマイト）やでな、ぶつけると爆発して吹っ飛ぶぞ！」

それだけの注意であった。当時の林道造りには、ハッパは欠かせないものだった。村中では毎日どこかの山でハッパの音が響いていた。

おおらかな良き時代

町会議員の可児六兵衛さんは、小柄であったが元気の良いおじさんだった。何時も組合事務所に顔を出す時は、オート三輪の「くろがね号」でやって来た。「坊、乗って見るか」と言って、中学一年の泰義に運転させてくれた。

「ありがとう」

これほど嬉しいことはなかった。中学校まで七百メートルほどの狭い坂道を登り切り、グラウンドをぐるぐると爽快な気分で走り回った。

坂道を降りきった所が森林組合の事務所だった。

「おじさんありがとう。また貸しとくれ」

「おー」

良き時代であった。

森林組合では、椎茸菌や木炭、農薬肥料などいろいろ扱っていて、それらを運ぶ手伝いもした。山の仕事は、道路を造り、伐採した原木を運び出し、切り出された跡の禿山に植樹をすることだが、その後が大変だった。せっかく植えた苗木がうさぎや鹿に食わ

郡上八幡城の城山で中学の仲間と（中央）

れる被害が出た。当時、植害による害獣駆除の対策としてうさぎや鹿の両耳が補助金の対象になり、それを針金に通して持ち込まれた。うさぎの耳は時として、泰義に過去を思い出させた。

猟で仕留めたうさぎや鹿、猪や熊、たまにきじや山鳥などが食材として組合の事務所に届けられた。それらに豊富にとれる松茸を添えて「すき焼き」にし、人々の胃の中に納まった。これは何よりのご馳走であった。ただし野生のうさぎの肉だけは固くて、かむことが出来ないほどの代物だった。

中学では、入学が非常に難しく、優等生しか受験が出来ない陸軍幼年学校卒業の武藤正文先生が泰義の担任となった。口の中に何時も梅干が入っているような渋い顔から「梅干先生」というニックネームがついていた。勉強以外でも、泰義達はクラシック音楽の鑑賞や碁なども教わった。ある面、泰義はこの先生に良いところを見せようと、頑張ったともいえよう。

郡上での泰義は、素晴らしい自然環境と人々に囲まれて伸び伸びと育った。当時の男の子は、誰もが切れ味の良いナイフを所持することが当たり前であった。鉛筆を削ったり、木や竹を削ってつくった船や竹トンボの出来栄えを仲間と競い合ったりもした。

玩具など手に入らないモノは、全てナイフや家にある大工道具を駆使してつくった。刃物を扱う時、油断をすれば手がすべり怪我をするので生傷は絶えなかった。それでもナイフやノミなどの恐ろしさを知り、慎重にあつかった。怪我をして覚える、貴重な体験であった。泰義も刃物の使い方を自然に覚え、大いにモノづくりの創作意欲をかき立てたのだった。

ナイフは時には凶器となる。しかし人をあやめたという話は聞いたことがなかった。今では考えられないナイフの体験は泰義のモノづくりの原点となって、いくたの場面で創意、工夫の決断を与えてくれた。この実体験にともなった判断が「勘」や「ヒラメキ」「運」とからみ合い、自然と融和させたモノづくりが出来るのだと泰義は思った。科学的根拠のみがモノづくりのすべてだと考えるとしたなら、それは間違いである。

心に残る母の三つの戒め

八重子は常日頃、子供達に耳にタコが出来るほど話していたことが三つあった。

一つは、「片親で育った子だからあんな子になった、と決して言われないにようになりなさい」。

八重子は負けず嫌いなところがあって、その思いは相当強かった。泰義もいつしかその気になっていたようだ。「母さんもうわかったよ」と言い返すほど脳裏に焼きついた。

二つは、「遊びは、やらねばならぬことを済ましてからにしなさい」。

これには良い例があった。泰義は「小林さんのようになりなさい」と、ことあるたびに聞かされた。小林さんは、八重子が勤める森林組合の組合員である。組合は先祖から引き継いできた山持ちの集まりである。

当時の山林業は好景気で、仕事が終わると仲間と連れ立って飲みにいっていた。仲間達は小林さんのもとに「街に遊びに行かんかい」と誘いにくる。すると決まって「せんならん（やらねばならない）事があるでよー、また誘っとくれ」と何度か断る内に、誰も誘わなくなった。小林さんは自分の山の間伐、枝打ち、植林を段取り良く済ませていた。

後日、仲間の一人が森林組合に来て八重子に話した。

「小林さんは偉いもんや。おらんた（俺たち）なまけていたんで、今から山の枝打ちや間伐、植林に追い回されなけりゃならんのでやでー」

「小林さんところはほうっておいても木が育つんやでー」

八重子は小林さんを尊敬し、息子達にも見習って欲しいと願っていたようだ。

三つは、「どうせやるなら楽しくやりなさい」。

母と弟を肩車する泰義

泰義はいつも頼まれたことをグズグズ、イヤイヤやるものだからいつも母の叱責が飛んで来た。

このことは、社会人となっていくつもの教訓につながっている。言葉の歯切れの良さ、食事のとり方、仕事の受け方、仕事に対する姿勢、すべてをグズグズ、イヤイヤやっていたのでは運も逃げてしまう。どうせやるなら何事もキビキビと楽しくやりたいものだ。支払いは気持ち良く、早くすることである。それが、お金が生きるという使い方であろう。

八重子の言葉は実体験で得たかけがえのない教訓で、泰義は現在も心がけている。

【第Ⅳ章】 独立

経営のイロハ

昭和三十九年、苦しんだ病もなんとか治して泰義はいつもの明るさと意欲を取り戻した。そして伯父の営む加藤仏壇店に転職した。

話は前後するが、二年前の昭和三十七年四月、弟は郡上高校卒業と同時に、一足早く加藤仏壇店に養子縁組を前提に入店していた。叔父夫婦の喜びは、念願の跡継ぎを得たことと代々継承してきた仏壇店を守れたことにあった。

三年前の九月に襲来した伊勢湾台風後の倒壊した建物や流された住宅の復興と同時に、仏壇の特需が進み、作れば売れる状態だった。しかし、肝心の飾り金具の製作が間に合わない状況にあった。

入店早々、伯父に言われた。

「飾り金具の職人が不足して困っている。お前は電鋳の技術を学んで来たのだから、飾り金具を電鋳で製作してくれんだろうか。仏壇業界で有名な『金具師』が彦根におられるから、その方が造った金具を原形として電鋳を造ってほしい」

早速、泰義は彦根にある仕事場を訪ねた。

「注文をかかえ、得意先に充分応えられなくて困っています。この飾り金具を銅電鋳で複製させて頂いてもよろしいでしょうか」

率直に話をし、快く了承を得た。こうして初めての仕事は、仏壇の飾り金具を製作することから始まった。

店の裏にある小さな倉庫を改良して、銅電鋳槽を設置した。ここでも電鋳との関わりは切れることがなかった。実に不思議な巡り合わせである。

しかし、泰義の仕事は飾り金具だけにとどまらなかった。さらなる役割として、五十社ほどある外注先回りと仏壇の組み付け、得意先への配達、その他帳票類の整理などの仕事があった。やらなければならないことは山ほどあった。

中でも仏壇の組み付け作業は、次から次へと忙しく続いた。朝、親方である伯父から「今日は（仏壇）十本仕上げるぞ！」と号令がかかると、叔母も含めて総勢七名が真剣に取り組んで、必ず完成させるのだ。そうしないと夜寝る時に布団が敷けない。仕事場は職人の寝床でもあるのだ。このような状況でも目標がはっきりしていれば苦しみはなく、むしろ楽しく働くことが出来た。

従業員の休日は、月に一日と十五日の二日間、お盆休みは三日間、正月は五日間と決められていた。今では考えられない日数であるが、誰一人として文句を言わず、和気あいあいの内に寸暇《すんか》を惜しんで仕事に没頭した。

仕事に追われ、まさに日々時間との戦いであったが、目標の組み立てが終了すると達成感にひたり、充実した。

昭和三十二年六月二十三日、ＩＬＯ（国際労働機構）の働きかけで一週間四十時間制の条約が発効していたが、中小零細企業はそのような枠にとらわれてはいなかった。

今でこそ仏壇製造業は落ち着いて地味な業界であるが、当時は猫の手も借りたいほど、超多忙の時代であった。インフレによる品不足に加えて、職人不足でもあった。

泰義は職人回りをしていた。商売の繁昌のためには職人の調達が命であるが、大変難しかった。そこで、職人には仕事に専念してもらい、応援が必要な時は手足となって手伝った。あるいは外注する請負職人のところに資材を運んだり、出来上がった品物を受け取りに飛び回っていた。

泰義はいろいろな気質をもった職人達に、力になってもらうためにいつも人間関係を大切に考えて接していた。そうしないと仕事が予定通りに進まないこともあった。

伯父は支払いに際して、一つの揺るぎない哲学を持っていた。

「請負職人がもってくる請求書は絶対にこぎる（値切る）な。高いと思ってどうしても納得出来なかったら、次からそこには仕事を出すな」

この哲学はその後も泰義の事業哲学として生かされ続けたが、デフレになって経済が低迷してきてからはそうも言ってられなくなった。そして、平成八年ごろから協力会社にも値段の面でも協力してもらうことになった。

協力してくれる店のほとんどが家内経営で、主人が職人であることが多く、収入も多かった。それは下積時代が長く、辛抱強く技術を習得してもなお薄給なため、一家をなした時の高給は当然とわきまえていたからだ。

中でも印象深い職人は「前借りタイプ」で、借金が雪だるま式に増えていた。ちょっと生活を改善すれば解決出来るのだが、パチンコや賭けごとにのめり込み、そこから抜け出すことが出来ないでいた。

最も困った職人は、前借りしている仕事を途中で放棄し、新規に受けた仕事で前借りをする人だ。仕事も前借りの金も雪だるま式に増え、いよいよ切羽詰まって手に負えなくなると、大将に引き合わせるのだ。すると一時的に改心し正常に戻ったかにみえるが、目が届かなくなると元の木阿弥であった。

そのまま改心していれば嫌な思いをしなくても良くなるのにと、何時もそう思いながら前借りのお金を渡していた。

人間は悪いくせから脱却することはなかなか難しい生き物である。また他人が見ると明らかにどん底生活なのだが、本人はそのことに気づかずとことん「どん底」にならないと、改心は出来ないのだ。

伯父の店は、泰義にとって貴重な生きた訓練所といえた。今では考えられないが、税務署の査察を受けた時にその対応も経験した。独立に際して経営に必要な、貴重な体験もした。伯父は泰義が独立したいという思いを、いつも温かく見守り応援してくれた。

使命は電鋳

泰義は一国一城の主になりたいという思いがつのり、独立を考え始めた時に迷いが生じた。多くの人々と接する内に、電鋳にかける確固たる信念が揺らぎ始めたのだ。他の業種が安定し、将来も明るくみえてしまう。迷いの果てに「運送業をやろう」と思ったりもした。

「本当に、自分がやるべき将来の使命は何だ！」と、自らに問いかけた。

そんなある日、泰義は夢をみた。残業で疲れ切り、灼熱の炉でいぶされた、あの真っ黒い顔と痛々しい火傷をおった勝弘兄さんの姿がはっきりと浮かんだ。「ハッ」とすると、誰かのいさめる声が聞こえた。

「泰義よ、お前の夢は電鋳を駆使して一国一城の主になることではなかったのか？　何を血迷っておるのだ！　まっすぐ自分の信念を貫きとおせ！」

「そうだった。自分は電鋳でモノづくりをするんだ」

泰義は腹を決めた。もう迷いはなかった。自らの進むべき目標がはっきりし、力がわいてくるのを感じた。

仕事は無し

そんな時、江南市東野町で塗装業を営む協力会社の恒川さんから誘いの話があった。

「野田さん、江南市は良い所ですよ。こちらに住みませんか」

昭和四十年一月、決心がつくと早速、紹介された大森さんから六十八坪の芋畑を借りて、十五坪のスレート葺き、電鋳の出来る小さな作業場兼住まいを建てることにした。

泰義は梶浦老師の「就職したら貯金をしなさい」という言葉を守り、無駄遣いを極力抑えて必要以外のお金は母親に送っていた。八重子は仕送りを大変喜んだ。そして家を建てることを知り、そのお金をすべて建築資金として、そっと渡した。

「思いもしなかった。母はいっさい手をつけず、そのまま手元においていたのだ」

八重子の援助を受け、建築資金二百万円で作業場兼住宅は完成した。運転資金は泰義が節約して貯めた五十万円だった。伯父は泰義の独立を喜び、仕事を回してくれた。

事業が安定するまでの間、応援はしてもらったが甘くはなかった。半サラ、半自営という起業だった。午前八時から午後五時までは伯父の仏壇店に勤め、午後五時以降と休日は自分の事業に時間をあてた。

無理せず、出来る範囲のことしかせず、借金もせず、はたからはチマチマやっているようにみえたに違いない。雨天や曇った日は伯父の仏壇店の仕事を手伝い、天気の良い日は、太陽光が使えるエッチング（腐食銅版）で飾り金具を製作（のちに実用新案）したが、すべて伯父が買い上げてくれていた。電鋳設備は二槽から始めたが、仕事は伯父から与えられる以外まるで入らなかった。

電鋳そのものがまだ浸透していない時代だったから、当たり前かも知れない。それでも技術力をアップさせるために、いつもテストを繰り返した。社名を「江南特殊工業」としたが、創業してから法人化するまでの土台づくりに、十年の年月を要することになる。

後輩の入社

昭和四十一年、ＭＴＰ化成で一緒に仕事に取り組んだ後輩の辻義照を呼んで実情を話し、協力をあおいだ。二人は電鋳の将来の可能性について意気投合し、時間を忘れて話

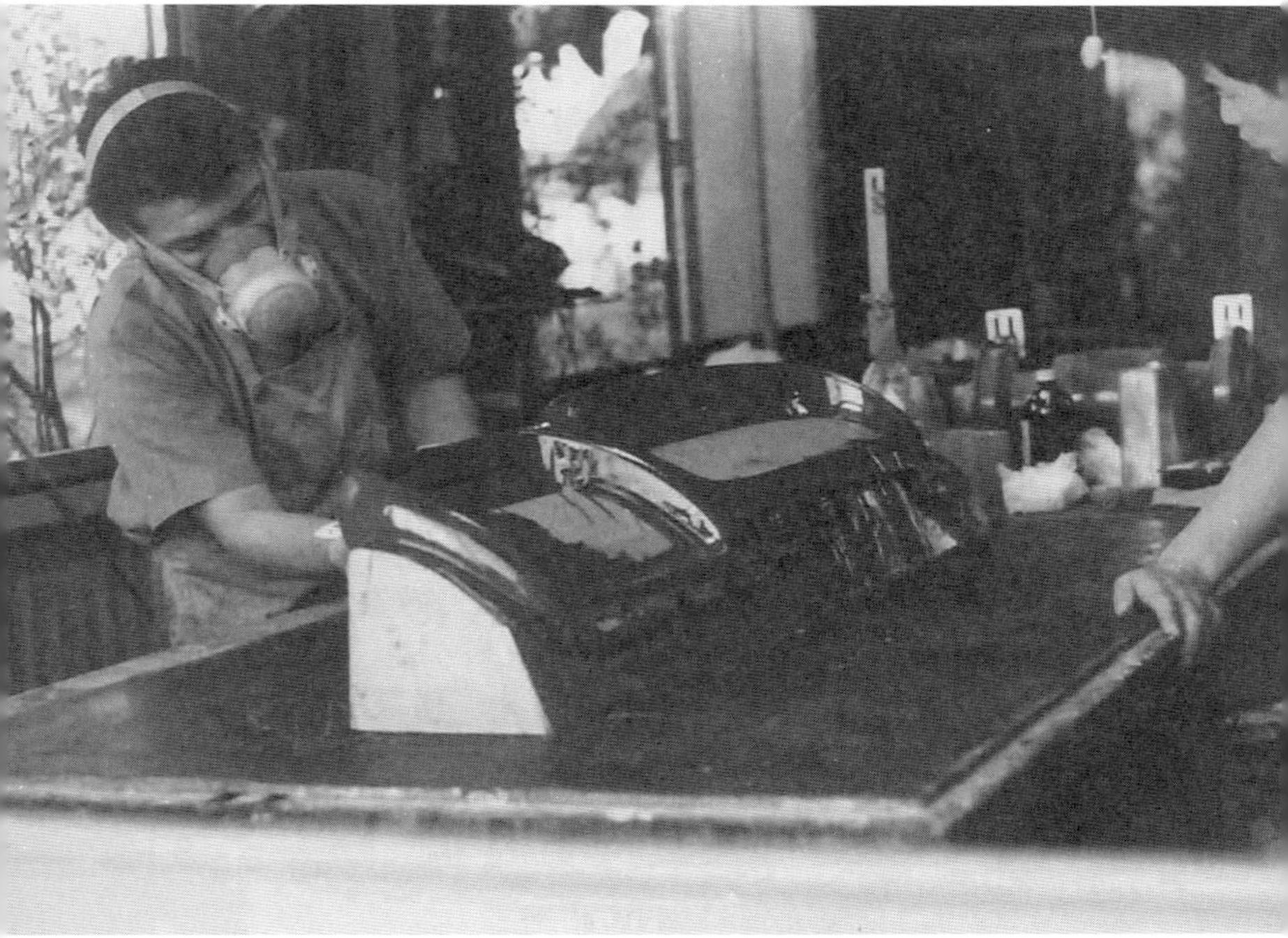

新しい技術開発に果敢に挑む

し合った。辻も泰義と同様にのどを患っていた。

数日後、辻は退職願を提出して入社の意向を伝えてきた。頼りになる助っ人が入社してくれたことにより、前途が明るく開けた。辻は技術者として、素晴らしい技量の持ち主だったからだ。

二人は一心同体となって、新しい技術開発に果敢に挑んだ。モデル（型）に皮シボ模様のシートを繋ぎ目なく貼り込むには、さらに高度な技術を要した。辻はこの仕事を「シボハリ」と命名した。

今日一般的に使われており、世界一といっても過言でないその技術は、現在もＫＴＸに脈々と受け継がれている。

ＭＴＰ化成が辻の技量を見込んで、取引を始めてくれた。二人にとって願ってもないことで、レザー貼り加工を始めて将来の展望がさらに広がった。

一方、通常の仕事としては、仏壇の内部の飾り金物をエッチング（腐食銅板）で出来るよう進歩させ、実用新案と特許を申請した。

特許の内容は、飾り金物の図案を専門家に依頼し、出来上がった図案をフィルムに焼き付けるものだった。

品質は必ずしも良いとはいえなかったが、伯父は使ってくれた。伊勢湾台風から七年が経過していたがまだ特需は続いていて、少々の不良品でも受け入れてくれた。

電鋳とは

ここでもう少し電鋳について説明しておこう。

我々がよく目にする、金属あるいはプラスチックをほどこすメッキがある。電鋳はそのメッキの約五百倍から千倍（電鋳金型は一般的には三ミリから十ミリ）の厚みをつけ、ついた方の金属殻を金型として使用するのである。用いる金属は銅かニッケルがほとんどである。

出来た型は鋳型に溶けた金属を流し込む鋳造物とは異なって、精密に転写が出来る。造り方によっては、ナノ単位を必要とする「ホログラム」（商品券、ギフト券、クレジットカード、紙幣の偽造防止にも使われる）の製作などにも使われている。

こんなエピソードがある。

研究を続ける際、材料を混ぜる作業が度々ある。その時、インスタントラーメンを食べるために用意しておいた箸を無意識にとり、混ぜるのに使ってしまった。いざラーメンを食べようとした時、箸がないことに気づき、鉛筆を割って箸の代わりに使ったこともあった。

また、時々近くの八百屋をのぞいて総菜を買っていた。勘定を済ませて帰ろうとすると「御飯はあるの?」と聞かれ、「ないです」と答えるとどんぶりに一杯詰めてくれたこともあった。

そうした幾多の恩をいつの日か返さなければと、いつも思って仕事に励んだ。泰義の座右の銘に『自然法爾《じねんほうに》』という言葉がある。「無理なく自然に生かされて、生きるということ」である。

「ご縁のあった周囲の方々が自分の気づかないところで、応援や取り計らってくれていたからこそ現在の自分があるのだ」

このように多くの人の支援や数々の好意に素直に甘えていたが、感謝の気持ちはつのるばかりであった。泰義に社会貢献を果たさなければならないと心に誓った。

昭和四十二年、銅やニッケルの電鋳槽を設置してさらなる研究を始めた。アキレスからダスキンモップのグリップ用の金型、十型の注文を受けた。同じころ、パイプの断熱カバーのウレタン発泡金型も数多く受注している。

さらにこの年は、泰義にとって大きな節目となった。十月に纐纈詔子と結婚式を挙げたのである。詔子は、泰義が高校時代お世話になった伯父の勝俊が「芯巻板」(服地の生産会社が製品を巻きつける芯材)を製造していたときに、お世話になった纐纈家の四女であった。

当人同士は知らない仲ではなく、目が合うとよく話をした。当時の恋多き青春時代を泰義は「ご縁です」と、その経緯を語ろうとしない。きっと秘められたロマンスがあるに違いない。しつこく聞き出すのは、ゲスの勘ぐりになるのであきらめた。

新婚当時こんなエピソードがある。新婚旅行から帰った時、現金が二千五百円しかなかったが、それで米を三升買った。とにかくどん底の生活をよぎなくされたのだ。

自動車関連の仕事

昭和四十三年、樹脂型の独自開発の製作を開始すると、お客さんの三ツ星ベルトの稲垣技術部長から話がはいった。その内容は、アメリカのダビットソンに出向した時に持ち帰ったインスルメントパネル（インパネ）のスラシュ型成形技術についてであった。泰義は、その技術を知らされた時に強く感じたことがあった。

世の中は不思議なもので、アメリカで考えてつくったものと自分達が考えてつくったものがほぼ同じものであること、同じ時期に同じニーズが生まれ、そこに情報の繋がりが介在しなくてもほぼ同じものが生まれてしまうことにである。

ただ、今回の場合は、自分たちのモノづくりが製作時間的にも、コスト的にも勝っていた。ダビットソンの製品と比較したが、甲乙つけがたい出来栄えに稲垣氏は驚きを隠さなかった。そして、江南特殊工業の技術力を認めた。

次第に自動車関係の仕事が増え始め、社員も四名になり、何とか経営的に採算がとれるようになった。

さらに翌昭和四十四年、豊田合成で試作用樹脂型の製作、東海化成工業でヘッドレスト、アームレストのスラッシュ電鋳の製作が始まるなど順調に受注が増え始め、自動車の型や電鋳製作に専念することになった。それにより仏壇の飾り金具の製作を終了することにした。

ご縁

自動車部品の型造りの一歩として、アームレストの試作型が決まり、石膏を入手しなければならなかった。早速、名古屋港に近い「N石膏」に飛び込んだ。

「どれだけ要りますか?」と問われて「一袋です」と答えると、「うちはトヨタさんに五百袋単位で買って頂いている。そんな一袋では売れません」とけんもほろろの返事で、どう粘っても売ってくれなかった。

珍しいスーツ姿

「今に見ておれ、いつか我が社の石膏を買ってくださいと言わせてやる。でもその時は、キッパリ断ってやる」

泰義はそれほどの気の高ぶりを覚えた。

その帰り道に那古野町にあった森山商会を見つけて、同じように話したところ快く受け入れてくれ、購入することが出来た。納期のない急ぎの仕事だったので、まさに地獄に仏であった。それ以来、材料仕入れは森山商会と決め、今日に至っている。

後日談だが、泰義の会社が二十周年を迎えた時、突然、N石膏が売り込みに来た。営業マンは「石膏をたくさんお使いになっていることをお聞きしたが、我が社の石膏を卸値で購入してもらえませんか」と言ってきた。

「I工具店」も、そういう思いをさせられた会社だった。

満足に工具もそろっていない頃のことだ。工具の必要性は時を待たない。必要となればその都度、工具店に求めるわけにもいかない。そんなある日、一カ月の伝票で購入できないかと店主にかけあったが「現金取引しかダメです」と応じてくれなかった。しかたなく現金購入を続けていたが、やがてのぞき注文に応えてくれる店ができたのでたいへん重宝した。ところがその購入額が増えはじめると、待っていたかのようにI工具店の店主が「一カ月締めの伝票にするから取引を願いたい」と言ってきた。

このことから得たのは「ご縁」であった。

「ご縁こそ、まさしく天が引き合わせてくれる賜り物である」と、気づくかどうかであろう。仕事を頂けることは「天からのおあてがい」と思うことが良いと、心得て進めた。

泰義は目先の仕事が混んでいても、社員には「出来ませんと言ってはならない」と指導している。仕事を断われば、そんな時に限って当てにしていた仕事がキャンセルになったり、スタートがずれたりする。目先の損得勘定で仕事をしてはならないということを教訓にしている。

精一杯頑張り、仕事をクリアすれば、またそれ以上に難しい仕事を授かる。そしてまた精一杯頑張って、仕事をクリアしていく。会社の発展はその繰り返し、積み重ねである。

泰義は感謝の気持ちを込めてそれを「おあてがい」という言葉を用いて、振り返るのである。

般若心経は心の支え

昭和四十六年、泰義が創業して六年を迎えた時のことである。いつものようにしっかり考え抜いたうえ、値引きを考慮して端数をなくした見積書をもって取引先を訪問した。

購買担当者と見積金額について交渉が始まった。当然、先方の立場としたらいかに安くさせるかだが、泰義は見積り通りそのまま受け入れてもらうしかなかった。双方の駆け引きは、仕事とはいえ決して楽しいとはいえない。

「何とか、もう一〇パーセント下げてください」

「この見積金額は精一杯ベストを尽くしたものですので、何とかこれでお願いします」

話し合いは膠着《こうちゃく》状態になり、しばらく沈黙が続いた。泰義は心の中で「般若心経」をゆっくり三遍唱えた。そして約六分が経過した。この沈黙の時間は、先方には長く辛い時間であったに違いなかった。

「わかった。野田さん、これでいこう」

このことは決して「般若心経」の教えとするところではないが、会社を守り抜く一つの「智慧」として発したものであった。それ以後、泰義の見積りに対して理解してもらい、わずらわしい時間はなくなった。このことは、泰義が先方に信頼された証しでもある。

オイルショックに翻弄

昭和四十八年、突然、中東の産油国が一方的な原油の値上げと産出量の制限を行った。いわゆるオイルショックである。ガソリンスタンドには長蛇の列ができ、しかも満タンにはしてくれなかった。

それまで右肩上がりの急速な成長を遂げてきた日本の経済に多大な影響を与え、減速を余儀なくされた。風評によって街では生活用品が市場から消え始め、品不足の混乱をきたした。量販店ではトイレットペーパーの買いだめ、ありとあらゆる商品が売り場の棚から消えた。インスタント麺までも無くなった。

あれも無いこれも無い、仕事も無い、仕事で使うプラスチック材料やニッケル材料も入手困難の上、べらぼうに高騰した。現在では考えられない事態であった。

江南特殊工業も無論、例外ではなかった。例えば、ニッケルは現在キロ当たり二千円程度だが、七千円もした。世に言う狂乱物価に翻弄された。

完全に受注が停止してしまった。こうした状況で、どうしたら会社を維持していけるのか、泰義は来る日も来る日も頭を痛めていた。

お客さんの設計室をのぞいても、製図板の前には誰もいない。設計者に尋ねると「今のところどこのメーカーさんからも新規の予定は入っていない」という答えが返ってきた。

ある自動車部品メーカーでは、生産現場の責任者が販売店に出向していた。販売現場の苦労を知ってもらって後の自動車づくりに活かして欲しいという願いからだった。

「ユティカラー」に挑戦

そんなある日、ある社員が週刊誌を持ってきた。そこに載っていた広告には「ユティカラーのフランチャイズ店募集」と書かれていた。アメリカで開発されたビニールを塗装できる材料、穴の開いたビニールの補修材料やレザートップの色替えテクニックを、フランチャイズ制で地域の権利を売るというものだった。さらに、吹きつけて拭うだけで店内丸洗いできる洗剤も加わっていた。

この宣伝文句に、乗るか否かを判断する時間はなかった。泰義は「背水の陣」でのぞんだ。早速申し込み、愛知県の権利を獲得した。セールストークのテクニックの教育を受け、セールスが始まった。

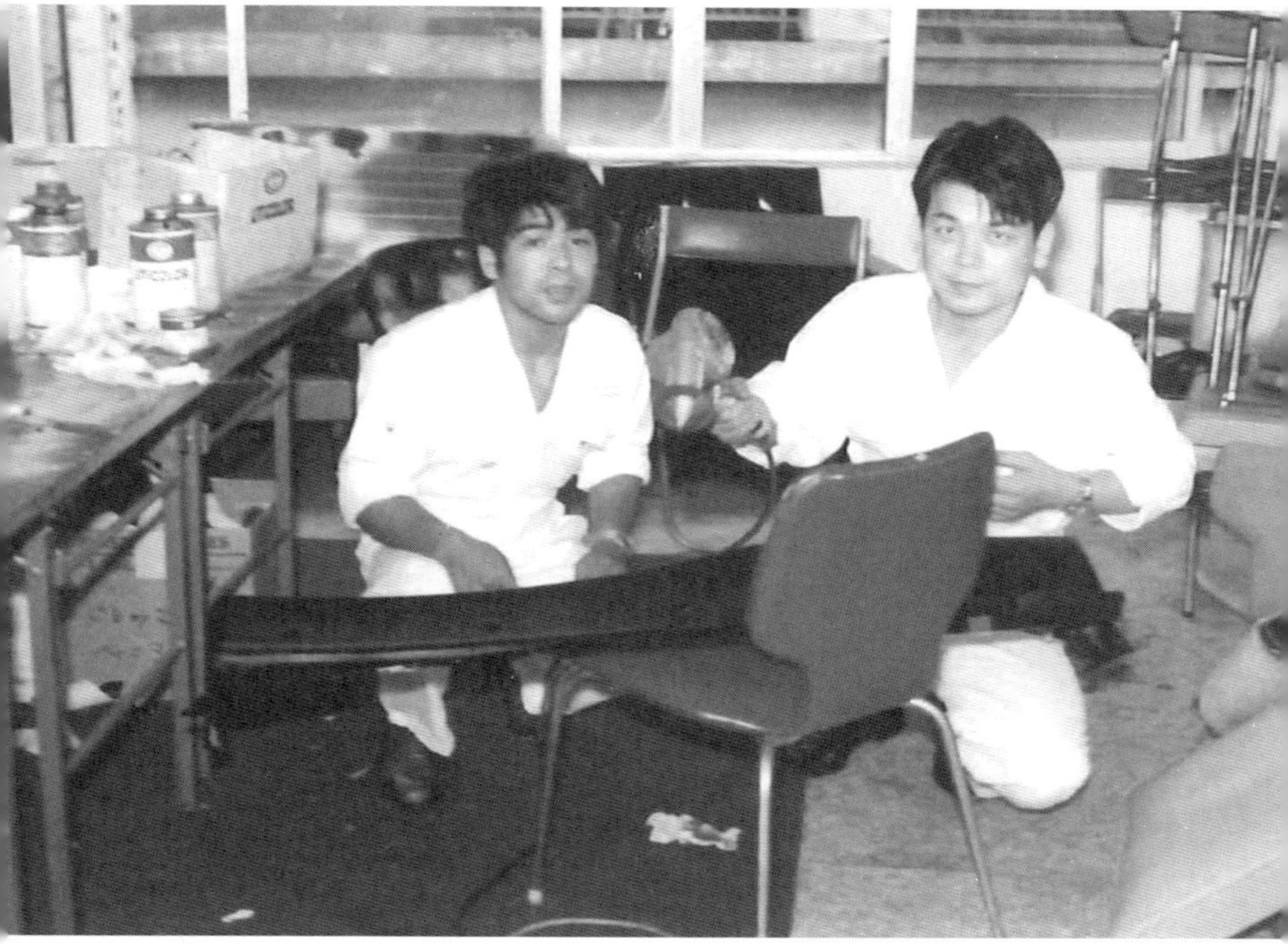

「ユティカラー」でオイルショックの危機乗り切る（右）

ローラー作戦（軒並み訪問）が効果があると教わった。店の天井から壁、床、椅子にいたるまで洗浄させて頂こうと思い、喫茶店に入ってまずコーヒーを注文するのだがどうしてもセールスのきっかけがつかめず、そのまま出てしまう。腰が引けてしまい、切り出す言葉が出ない。こんなことが、数えきれないほど続いた。

成績も上がらず、めげそうになった時子供達の顔が浮かんだ。

「子供達を食わせにゃならん。俺の肩には社員の家族全員の生活がかかっているのだ。どうする？　お金は底を尽いたぞ！」

窮して変じ、変じて通ず

すると、老師の「窮して変じ、変じて通ず」という言葉がよみがえった。その瞬間、不思議な勇気がわいてきた。これまで話しかけるのも恥ずかしい、体裁が悪いと思っていた気持ちが嘘のように消えた。

「俺の仕事は、人に喜んで頂くための商売ではないのか」

「人に喜びを与える、こんな良い仕事はないぞ！」

自問自答した。

「今の今まで仕事をさせて下さいということばかり考えていた」

「それは違う！」

「あなたのために、お店をきれいにしましょう。私にお任せ下さい」

店主はこの言葉に乗ってきた。学んだセールストークがものをいい、仕事がもらえるようになった。卑屈な心が消え去った。

名古屋は外車が多く、レザートップも多かった。そこでユティカラーによるレザートップの色替えの仕事に力を入れた。

この仕事は他の作業に比べ、予想外に利益率が高かった。しかし、難しくもあった。まずレザーを特殊洗剤できれいに洗って、マスキングテープを使って塗装部分以外を覆い、色合わせを行う。

この色合わせ作業が一番苦労した。塗料をどれだけ使ってもうまくいかないのだ。試行錯誤を繰り返すうちに、料理に隠し味があるように全く関係のない色を数滴混ぜることによりピタリと合わせることが出来た。しかも時間内にすべてを完了しなければならない。

一方、パチンコ店やマージャン店の壁洗い、ゲーム機洗い、椅子の修理などを妻や社員の奥さん、親戚のおばさん、はたまた近所のおばさんらその都度メンバーをかき集めて行った。

泰義は、フランチャイズメンバーのトップにならなければ将来はないと思って始めたので、東海地区で一番を目標に設定した。ところが、皆の協力により東海地区はおろか東京地区も抜いて日本で一番になった。まさにおばさんパワーの成果であった。

電鋳の火は消さない

昭和四十九年、不安定な冬の時代ではあったが「電鋳の火を消してはならない。必ず電鋳がたくさん使われる時代が来る」という強い信念のもと、泰義は社内で一番優秀な宇佐見康夫に電鋳型の研究を続けさせた。そして他の従業員で「ユティカラー」の仕事に取り組んだ。

「自分の使命は電鋳である」

この強い思いは、やがて素晴らしい結果に結びつくのである。日本の企業は吹きすさぶ嵐の中、省エネ対策に努力し続けていた。やがてオイルショックの嵐が去り、意外に速いテンポで景気がもち直した。

オイルショックは、むしろ江南特殊工業にとって有形無形、たくさんの福をもたらした。

その一は、苦境にもめげず電鋳型の研究開発を休みなく続けた結果、以前と比べ物にならないほどの高い性能の電鋳型が出来あがり、品質の向上、スピードアップなど今後の受注生産に大きな道が開けることができるようになったこと。

その二は、技術屋の泰義が訪問販売を積極的に行ったことによって、営業力を身につけた技術屋に変身することが出来たこと。

その三は、注文を頂ける有り難さを身に染みて感じたこと。

その四は、お金の大切さ、尊さを深く理解することが出来たこと。

その五は、何よりも社員のみならず家族ぐるみの深い絆が出来たことである。

工場を移転

オイルショックを切り抜け、以前より仕事は多く入るようになった。帰りが深夜の一時、二時になることが続いた。出来るだけ音の出ない仕事を夜に回したのだが、帰りの車のエンジン音に「静かにしろ！」「うるさくて眠れない。なんとかしろ！」と言われた。

その声の主は、隣りの主人であった。昼間会っても何も言わない、むしろ優しいオッチャンだが、お酒が入ると人が変わるのである。帰ってくる時と泰義らが仕事のキリをつけて帰る時間とが一致してしまうことが度々あったためである。

しかし、そのことが零細企業から小企業へ脱皮するキッカケになったと、泰義は隣のオッチャンには感謝している。

そこで、いよいよ工場の移転を考えた。本来なら土地の取得は不動産屋に行くのが筋であるが、その前に土地を買う代金の融資を依頼する銀行を探さなければならなかった。ある日、会社を出てしばらく行くと、今まで一度も取引のなかった岐阜信用金庫が目にとまり、支店長に面会を求めた。支店長は三島と名乗った。

泰義は工場移転の経緯を説明し、将来の構想などを話した。すると、なんと信用金庫に、売り主から泰義が考える最適な土地が持ち込まれていることがわかった。話はとんとん拍子に運び、紹介された土地を迷うことなく購入することにした。

しかし、肝心の支払いでつまづいた。土地を購入するお金が無かったのだ。そこで支店長に風呂敷包みを差し出した。お金になりそうなものを包んだのだ。中身は、郵便局の通帳、子供の通帳、趣味のコイン、泰義も知らなかったが妻が倹約して貯えた金などであった。

「支店長さん、私には手持ちがこれだけしかありません。足りない分を貸して頂けませんでしょうか」

単刀直入に頼み込んだ。支店長は太っ腹であった。風呂敷の中身を確認せず、包み直して泰義の元にそっと返した。

「野田さん、良く分かりました。これから長いお付き合いをしましょう」

そう言うと、貸付係の行員を呼んだ。

「野田様に、店で一番安い金利でお金を融資してあげなさい」

そして、一千二百万円を融資してもらった。融資をお願いに行き、最高の土地を購入することが出来、さらにメインバンクになってもらえるという不思議な縁を得ることが出来たのだ。現在、その土地は本社の一部となっている。

不思議なことが、買い求めた土地でも起きた。電鋳工場の建設許可書を申請して知ったのだが、江南市ではこの土地にかかる水路にだけメッキ業の許可が認可されていたのだ。まさに奇跡が起きた。

【第V章】 開発

経営理念と社訓を掲げる

昭和五十年、工場移転後に法人化し、社名を「江南特殊産業株式会社」とした。そして、これまでの事業を通して得た強い思いを言葉にまとめ、将来に対する『経営理念』を誓詞《せいし》として掲げた。

「生かされていることを常に感謝し、仕事を通じ精いっぱい、社会に貢献します」

この理念は今日にいたるまで毎週始め、工場単位の朝礼で必ず唱和されている。海外の工場でも、現地の言葉に訳し『ＫＴＸ経営理念』として毎朝唱和されている。この経営理念には、子子孫孫《ししそんそん》まで真実を貫き、長年培った社風と共に守り抜いてほしいという強い願望が込められている。

同時に泰義は『社訓』も作成しようとしたが、決定するまでには難渋した。そして考え抜いた末に「善意・真剣・進歩・自然」として掲げた。

モノづくりは、善意なる心、真剣なる心、進歩する心から生まれる。ここまではすんなり頭に浮かび、これで決めようと思った。しかし、何か大切なものが欠けているような気がした。

「それは何か」

なかなか頭に浮かばず、葛藤した。

そんなある日、板をバンドソーで切り落とした音で「ハッ」と思い出した。それは「木元竹裏《きもとたけうら》」ということわざであった。職人が木や竹をナタで割る時、どちら側にナタを入れるか、刃物の使い方の順序を指すことわざである。

つまり、木を割る時は、元（下）から裏（上）に向かいナタを入れる。竹の場合は、裏（上）から元（下）へ向かってナタを入れるというのである。

「自然の原理原則は、人間がいくら策を弄《ろう》しようが、逆らおうがどうすることもできないのである。自然に全てをお任せすることだ」

このように自然を入れて、社訓は出来上がった。事業を推進する上で見えない世界の恩恵を随所で体感することになるのである。その頃、会社は順調に発展し正社員も八名になったが、ここでもまた不思議なことが起きた。

工場が落成すると駐車場が必要になった。そこで、隣にある田んぼの地主である前田富夫さんに「土地を半分貸して欲しい」と地代を示して話したところ、「半分の地代で全部貸してあげる」と言うのだ。予期しない嬉しい返事に驚きながら理由を聞いた。

「君の会社は、私の田にゴミを落としたことがない。それどころかゴミを見つけると拾ってくれていた。いつも周りをきれいに掃除してくれているから、感心して見ていたんだよ」

前田さんはその足で市役所に行き、工場の敷地と田んぼの境にある一メートルほどの段差を埋めるための土について、相談した。しかし不思議なことは重なるもので、市役所では五十メートルほど離れた所にある水路の工事を翌日から始めるに当たり、残土の処理に困っていたことが判明した。

先方は残土の処理ができ、当方は埋め立て費用がかからず、お互いが喜びのうちに解決した。そして、三日後には駐車場が出来上がった。これもひとえに前田さんの機転のお陰であった。

人知に及ばざる不思議な出来事

土地に関する不思議な出来事はその後も続いた。

多少の余裕ができた頃に将来の規模拡張を考え、地主の前田さんに「この土地を譲って頂けないか」と話したところ、「そのまま使っていなさい」という返事をもらった。すると、まるで歩調を合わせるかのように全く面識のない不動産会社から「土地を買わないか」という話が舞い込んできた。

話を聞くと、前田さんに譲渡をお願いした土地と同じ面積で、しかも地代も想定していた金額で間に合うといった好条件であった。早速、土地を見に行くと素晴らしい眺めだったので、気に入って購入を決めた。

まわりは人参畑が広がっていたが、市場に出せない形の悪い人参が道端に捨てられ、あちらこちらに山積していた。その中に異常に盛り上がった山があったので取り除くと、驚いたことに石仏の馬頭観音が現れたので、思わず手を合わせた。そして年に二回、初めは家族で、そのうちに家内と草取りに訪れ、その度に回りをきれいに掃除して花を供えることが習慣となった。

それから数年の歳月が流れた。時はバブルの真っ直中にあり、ゴルフ場の会員権が数億円するところまで現れた時代である。

その日もいつものように草取りを済ませ、馬頭観音の回りを清掃して花を供えた。そして、工場を新たに建てるには二百坪では狭すぎると感じていたので、この土地を手放したいことを馬頭観音にお願いして帰宅した。

そのことが幸いしたとは言わないが、不思議なことにかつてこの土地を紹介してくれた不動産会社から、「今度は売ってもらえないか」と言う電話がはいった。そして話し合いの結果、何と買った時の倍の値段で売れたのである。

不思議な出来事はさらに重なった。

地主の前田さんのお宅を久しぶりに訪問した時のことである。なんと前田さんは既に亡くなっていたのだ。余りのことに驚き、ご無沙汰をした失礼を詫びて仏壇に手を合わせた。そしてお暇《いと》ましようとした時であった。前田さんの奥さんがこう切り出した。

「実は生前、主人は野田さんが来られたら土地を譲ってあげなさいと言っていました」

かくして、その土地は江南特殊産業の一角に加わったのである。幾重にも重なる幸運な出来事に、泰義は驚きと見えない世界の不思議な力にただただ深く感謝した。

「これはまさに奇跡だ！　さもなくば、神のご加護でなくてなんであろうか」

一連の経緯から、土地は神様からお借りしているものであると強く感じるようになった。

土地は神様からのお借りしたもの

それ以来、泰義は社員を前にして説いている。

「土地は自分がお金を出して買ったものだから、何をやっても良いと言うものでは決してありません。神様からお借りしているものなのです。ですから不浄にしてはなりません。不浄にすればたちまち取り上げられます。これを会社に置き換えれば、倒産するということです」

ややもすると社員は「神がかりしたのではないか」という恐れをもったが、かまわず目に見えない世界の大切さを言い続けた。すると社員はこの精神を理解し、自ら進んで清掃に心がけるようになった。


前田さんの土地を譲り受けて間もないある日、草刈りをしていると通りがかった近所の人に話しかけられた。

「あすから道路の拡張工事が始まりますが、幅が広くなって便利になりますね」

寝水に耳の泰義は驚き、「どこがどれほど広がるのですか？」と尋ねた。

「あら、知らなかったの？」

「お宅の会社に面した道が、十六メートルの広い道路になるんですよ」

全く予想していなかったが、あっと間に広い道路ができ上がった。またも信じられないことが起こったのだ。おかげで大変便利で、使い勝手が良くなった。

この世の中には人知を超えた「見えない世界」が常について回り、不思議な偶然の存在があると、さらに確信を深めたのである。

泰義は『白隠禅師坐禅和賛』の一節を思い浮かべた。

「無相《むそう》の相を相として、行くも帰るも余所ならず　無念《むねん》の念を念として、うたうも舞うも法の声」
自らもこうありたいと願っている。

リターン制度

第二次オイルショックも過ぎ、中小企業にも春の訪れを告げる風が吹き始めた。しかし、注文は限りなくある反面、深刻な人手不足は急速に進んだ。金型産業も例外ではなかった。

世間で言う「3K」（きつい、汚い、危険）、さらに格好悪いが加わり「4K」という言われもないレッテルが貼られるご時世となった。苦労して採用しても、突然「辞めます」と言う。その理由の多くは、自分の考えを素直に話すことが苦手で、意思の疎通がうまく図れないということだった。

また、高卒の新入社員が職場に慣れ、人間関係もできてきたと思われる二〜三年が過ぎた頃に辞めることがあった。理由を聞くと、同窓会で友達の話を聞いてもっと良い仕事があるという錯覚に陥り、転職先を決めてしまったのだ。そして「自分に合った仕事が見つかった」と言ったきり、何を言っても気持ちを変えることをしないのだ。

木曽川河原で「芋煮会」を楽しむ（左から２人目）

経営者にとって会社を辞められることほど心を痛めることはない。眠れない日もあった。そこで、考え抜いた末にたどりついて「リターン制度」をつくった。

辞められる会社も辛いが、辞める本人もきっと未知の世界に不安を抱えているに違いない。生徒を送り出した学校、そして、何よりも一番辛いのは両親だ。

一時「江南特殊産業学校」を卒業としたして気持ち良く送り出そう。そして「戻って来たくなったら、いつでも戻っておいで」と迎え入れる制度である。一方で、作業環境、福利厚生、待遇の面などをどんどん改善し、戻りたくなるような魅力あふれる会社づくりに努めた。しかも、同時に入社した人と同じ待遇に引き上げた条件で復帰出来るようにした。

その結果、高卒で世の中の厳しい現実を知らない若者が社会にもまれ、経験を積んで戻って来てくれた。会社にとって不足どころか他業界での体験を生かしてくれることもできた。

制度を導入後、六名が戻って来た。しかも、以前よりさらに磨きがかかった立派な社会人となって復帰を果たしてくれたのである。

中には、泰義の自宅を訪ねてきて退職したことを土下座をしてわびる人もいた。そんな時、泰義は「良く帰ってきてくれたなあ。ありがとう」と言って迎えいれる。復職した社員達は、暗黙のうちに江南特殊産業の良さを理解してくれているようであった。

この制度を導入してから辞める人はいなくなったが、このことを仲間の経営者に話すと「会社を辞めないでいた人達は、快く思わないのではないか?」と、いつも決まった質問をしてくる。しかし、実際は「戻ってくれて助かる」と言う意見が多いのだ。

野田流福利厚生

昭和五十五年は、さらなる職場環境の改善と福利厚生に力を入れた。たとえば「禁煙手当て制度」をつくった。煙草を吸わない人には毎月五千円の手当てを出すことにしたのだ。健康で長生きして欲しいという願いからである。

また、出産祝金として、一人生まれるごとに三十万円を出すことにした。少子化に歯止めをかけたいという気持ちからであるが、わずか百六十名の会社で、この十年間に五十五名の子供が生まれている。さらに社内結婚も大歓迎で、十二組がゴールインし、泰義の婚活で三組がまとまった。

さらに、社員がまだ四名の頃から行っていることだが、安全・安心な食材に注意して、栄養のバランスに気をつけて社内で昼食を作っている。

福利厚生の充実は良いモノづくりの原点であり、家庭の安定や快適な職場環境を整えることは経営者の責務であると泰義は確信している。

これらを踏まえて今後、海外企業に打ち勝ち、生き残りをかけるための絶対の条件を泰義は三つ挙げている。

一つは、和で象徴されるチームワーク。

二つは、何事にも屈しない、粘り強さ。

三つは、神仏を敬い、尊ぶ心。

これらが、企業繁栄の哲学として将来に引き継がれて行くことになるだろう。

ヨーロッパ視察旅行

またこの年、東京総合研究所主催のヨーロッパ自動車産業研修会が企画され、泰義は十七日間に及ぶ研修旅行に参加した。参加費用は百五十万円、当時の為替相場は一ドル＝百六十五円でかなりの高額であったが、海外を見たい気持ちには代えられなかった。

泰義にとって初めての海外であったが、十七日間も会社を留守にしたら会社が無くなってしまうかも知れないと本気で心配したらしい。ところが、帰国してみると、その月は創業以来最高の売上げを記録した。

見学先はスウェーデンのボルボ社のドアーサプライヤーで、一次サプライヤーの「A・Bボファーズ　プラスト」と西ドイツ（現ドイツ）の「ガルバノフォーム」が含まれていた。

当時、日本の自動車関連企業が力をつけてきていたため、どの会社も警戒して見学を受け入れない時代になっていた。そこで工場とは全く別の所にあるイムハウゼンのオフィスビルに案内された。

イムハウゼン社はガルヴァノフォーム社の親会社であった。当時のCEOのイムハウゼンはポリエチレンの合成方法で画期的といわれる常温、常圧で合成できる方法を編み出した人で、それは「イムハウゼン法」といわれて日本にも導入されていた。それによってビッグカンパニーとなり、ガルバノフォーム社を今から五十年程前に買収したのである。

そこは彫刻、絵画、美術品で飾られ、全てに金メッキが施されたロココ調時代にさかのぼったかのような、まるで美術館のようなオフィスだった。

A・Bプラスト社では、初めてドアーの内装の生産現場を見ることができた。その時に「穴あき電鋳」の発想が生まれた。

その後、平成五年にガルバノフォーム社に技術供与する関係になるのだが、当時は後にそんなことになるとは知るよしもなかった。

この視察は、仲間同士和気あいあいの旅となった。西ドイツのアウトバーンを走行中にそれぞれが隠し芸を披露して楽しんだ。泰義はサービスエリアで購入した帽子を使って、当時流行った「早野凡平」の芸をして見せてバカ受けした。

そして、その勢いでライン川の観光船に乗り込んだ。満席の船内で、体格の良いおじさんに泰義は消防士の帽子の形にしていきなりかぶせ、大きな声で「He is a fireman」（彼は消防士）と叫んだ。すると、彼は「Ich Feuerwehrman」（私は消防士）と応じて胸のポケットから消防士手帳を出したのだ。割れんばかりの拍手喝采と笑いで、一躍その場のヒーローとなったのである。

また宿泊していたホテルの売店で珍しい「ハーモニカ」を見つけた。それは、くちびるに合わせたカーブの形をしていた。土産にしたいと思い、社員の子供達の分も含めて十二個欲しかったのだが、あいにく四個しかなかった。そこで足らない分を街に出て買うことにした。

楽器店を探している時、一人の女性に尋ねると快く案内してくれた。どうして親切に対応してくれたのかと聞くと、その女性の名はなんと「モニカ」だった。「あなたが、私を呼んだ」と思ったそうで、何をやってもうまくいく素晴らしい旅であった。

これからは、世界に向けて行動する時代であることを痛感した旅でもあった。

ドイツ・ライン川の観光船内で大爆笑をとる（右から２人目）

ポーラス電鋳®の開発

昭和五十六年、泰義はお客さんに納める電鋳サンプルについて担当者に聞いた。

「サンプルのでき具合はどう？　納入にまであと四日しかないけど間に合うの？」

「一度つくったのですが、孔がいっぱい開いて失敗しましたので、捨てました」

「捨てた？」

「はい、いま大急ぎでつくり直していますので期日には間に合わせます」

「そう。ところでどんなふうになったの？　失敗したモノをもって来て」

見ると、金網のような醜い電鋳板だった。業界では「ガサ電鋳」と呼ばれる典型的な失敗作であった。

「待てよ、これを研究すれば理想の孔あき電鋳が出来るのではないか」

そのためには、同じ失敗作をもう一度つくりたかった。

「同じモノがもう一度できるだろうか？」

「はいできます」

二〜三日すると失敗作ができた。

「この孔を〇・三ミリぐらいに小さくすることが出来たら大発明だね。二年かかっても、三年かかってもかまわないから挑戦してみてくれないか」

社員の宇佐見康夫に依頼した。

宇佐見は仕事の合間をぬって思索を重ね、驚いたことに一年後の昭和五十七年に〇・一ミリほどの孔あき電鋳を成功させた。技術者である泰義も認める凄まじい熱意であった。

泰義は江南特殊産業の電鋳技術は、社員のこのような情熱とたゆまない努力の結晶によって、世の中に提供出来ていることを決して忘れてはならないと、肝に命じた。そして、早速、電鋳の特許申請を行うことを決めた。

まず、取引関係にあった豊田合成の特許部長だった小林実先輩に相談を持ちかけた。ここが泰義の運の良いところだが、豊田合成は図らずも、泰義が社会人になる出発点において残っていた二社の中の一社、名古屋ゴムが改称した会社だったのだ。

小林は「これはすごい発明だ」と驚き、「この特許は野田さんの会社だけで取得しなさい。申請にあたっては、私の部下の太田光一を紹介してあげる」と言った。そして、泰義は恩田特許事務所を紹介してもらい、担当者の松原等氏、太田氏の名古屋大学の同級生の三人でまとめあげて申請するにいたった。

ここで太田氏と、その後の関わりも記しておきたい。

特許申請をまとめてくれてからまもなく、ワシントンの特許事務所に五年余り出向していた時期があった。泰義は遠慮することなく、太田氏の家に五泊した。奥さんの手料理を頂き、来る日も来る日もワシントンのスミソニアン博物館に連れて行ってもらい、奥さんの通訳ですみからすみまで勉強させてもらった。

『ポーラス電鋳®』と名付けられたこの優れた技術をどこに売り込もうかと、社内で会議を開いた。そして、いろいろな観点から国内自動車メーカーのどこへ最初に商品説明に行くかを検討した。その結果、ホンダエンジニアリング（ホンダＥＧ）に決めて本社を訪ねた。

小さな「ポーラス電鋳板」とサンプルの成形品を意気込んで持っていったが、生産技術の担当者は「ポーラス電鋳®は孔が大きかったり、できなかったりするでしょう。当社は孔経五ミクロン樹脂型の開発をすでに終えているのでいりません」という素っ気ない対応に終始した。

やはり凄かった

ホンダＥＧに断られたがどうしても納得がいかなかったので、三カ月後に「成形ドアー」のサンプルをつくり再度ホンダＥＧへ持ち込んだ。すると、今回はそのタイミングが実に良かった。

ホンダＥＧはポーラス電鋳®を断ったが、樹脂型で成形品はできるものの量産型として海外で生産するには耐久性の面で問題があり、使えないのではないかと困っていたところだった。

持ち込んだ「成形ドアー」のサンプルを見るなり、生産技術担当者の顔色が変わった。開口一番、「良いものが出来るじゃないか」と大きな声をあげた。そしてサンプルをじっくり見つめてつぶやいた。

「これは凄いぞ！」

はじめは技術者二名だったが、

「あの人にも見せなくては、技術主任を呼ぼう」

次第に関係者が集まり、いつの間にか十数名にふくれ上がっていた。

「孔が少なければ開ければいい、レーザー加工機で開けてやるよ」

「孔が大きければ埋めればいい、手伝うよ」

全員が協力を約束してくれた。

こうして次期車の開発を含めて五機種のインパネ表皮成形に「ポーラス電鋳凹引き型」が採用されることが決まった。それからというものホンダEGの技術者が入れ替わり立ち替わり、毎日のように手伝いに来たので、どの機種も思った以上にうまくできた。


本田技研工業の本田宗一郎最高顧問が出来上がった「アコード」に試乗した時のことである。カーブを走行した時、インパネ上面のトレーから煙草が滑り落ちるというハプニングが発生した。そのため急きょ、トレー中央に仕切りを入れるという設計変更になった。従来であれば三カ月はかかるところだが、新しい技術を加えたことによって一カ月で生産がスタートできたことも、この工法の良さであった。

ホンダEGからは多大なる協力を受けたが、そうした恩に報いるために泰義は「二年間はポーラス電鋳凹引き型を外部に発表しないで、ホンダEGだけに使ってもらおう」と心に決めた。そして契約とか覚書などは一切交わさなかった。

こうして「ポーラス電鋳®」の技術を完全に確立することができた。成形に必要な孔の数、孔径、耐久性、断面状態、バックアップの方法、成形クリアランス、この二年間にノウハウとして全てを蓄積した。その後、ひとつの型で四十万個も生産は続いた。そして引き続き生産可能な状態であることも、その後の結果から実証された。

なぜ、最初にホンダEGに飛び込んでいったのか。振り返って、泰義は次のように語る。

「ポーラス電鋳®のサンプルが出来上がった時、私と辻、宇佐見の三人で話し合った。トヨタさんに持ち込んで受け入れて頂けるのであらば、それは最高であろうと三人の意見は一致した。それは、まず近いこと、市場が大きいこと、今後のビジネスにポーラス電鋳®の信頼が高まることなどからであった。確かにそう思った。

しかし、どういう方法でトヨタさんに説明に行くかという話し合いになった。話を繋いでいただけそうな知り合いの心当たりも全くない。いきなり窓口を叩いてもきっと門前払いになるだけだろう、つまりは敷居が高いと三人とも思った。

それでは、ホンダさんはどうだろうかという話に移った。宇佐見が『ホンダさんは、何となく新しい開発品に対して興味を示してくれそうな気がしますが』と言うので、まずはホンダさんにぶつかってみようかということにまとまった」

マスコミに発表

昭和六十年、〝ホンダEGとの二年間〟という泰義の心の中の「義」を果たして、ポーラス電鋳®をマスコミに発表した。すると特許の争奪戦が始まった。ポーラス電鋳と称してK社、D社、M社といずれも少しだけ方法を変えて、特許を申請したのである。そのため泰義も恩田特許事務所の松原等先生を伴い、三回ほど特許庁に足を運んで説明した。

日本の特許は取得に時間がかかり過ぎるとよく言われていたので、特許庁もこの頃から姿勢が変わり始めていた。基本となるメカニズムの内容について江南特殊産業の価値を認めて、他社の申請をすべて排除した。そして「ポーラス電鋳凹引き成形型」の国内特許と「ポーラス電鋳®」の商標登録を取得することができた。

近年、地球温暖化にともない、自動車づくりのコンセプトが大きく変わってきている。オイルショック時から低燃費化、それに伴う軽量化、省エネ生産化、リサイクル性、見栄えなどが重要視されるようになってきた。そのため、泰義は「ポーラス電鋳®はすべてに満足出来る工法だ」と自信をもって勧めることができた。

中でも省エネ生産化においては、従来の方法に比べると十四分の一のカロリーで生産出来る画期的な方法である。しかしながら、全く新しい工法でつくったものがいくら安くて、見栄えが良く、軽くても販売の段階で必ず突破しなければならない関門がある。それは「実績」である。

新しく開発したものに実績があるはずがない。そこをお客さんに判断してもらい、「なるほどうまくできている」と思ってもらえるものでなければならないと同時に、「これならものになりそうだ」という判断を下してくれる人との出会いも大切である。

この点において、最初に持ち込んだホンダEGはポーラス電鋳®の技術を快く受け入れてくれた。果たして今日、このようにスピーディーに量産まで持ち込むことは容易であろうか。当時のホンダEGの仲間はすでにリタイアしているが、泰義は彼らに心から感謝している。

譲渡金は三億円

昭和六十二年十月二十三日、泰義は恩田特許事務所から独立して一宮市に松原特許事務所を開設していた松原所長と名古屋駅で待ち合わせて、午前七時発の東京行きの新幹線に乗車した。

二人はこれから訪れる日立化成工業が、ポーラス電鋳®に関してどこまで江南特殊産業と関わりをもっていきたいのかなどいろいろ想定される事柄にどのように対応するかを車内で話し合った。

泰義が「もし、すべての製造権及び販売権が欲しいと言われたら、いくらだったら譲れると思いますか?」と尋ねると、「三億円ですね」と何のためらいもなく言った。泰義は想像していたよりはるかに高い金額に少々戸惑い、理解するのに時間がかかった。

続けて「そうでしょう。この発明は素晴らしい価値のあるもので、すでに特許も取得していて実績もあり、今後も大きなビジネスが期待できるのですよ。そのくらい頂かないと次の開発はできませんよ」といった会話をしながら東京駅に着いた。

二人は約束の午前十時、新宿三井ビルの高層階にある日立化成工業本社の応接室に案内された。

日立化成工業は日産自動車、いすゞ自動車のサプライヤーで、昭和五十六年に江南特殊産業は表皮とウレタン発泡の型を受注している。前年のヨーロッパ自動車産業研修会に参加したことがきっかけで、一緒に行った当時設計部長の下出敏達さんとの縁で取引が始まったのであった。

応接室の窓からは皇居が一望できる素晴らしい眺めであったが、泰義は心の中で手を合わせた。間もなくスーツ姿の二人の男性が部屋に入ってきた。初対面であったが、その内の一人が黒崎正昭常務であることは一目で理解できた。もう一人は経理部長とおぼしき人だった。

自動車部品の関係者とは面識があり、いつもフランクに話し合える関係だった。それというのも下出部長とは同郷で、特に親しい間柄であった。そのことが社員に伝わり、特別に技術交流を図ってもらえていたのだ。

泰義は下出部長はじめ彼の部員が、黒崎常務を慕っていることを前もってリサーチしていたので、会えることがある意味とても楽しみであった。

黒崎常務は穏やかで、ふところ深く、ボスの風格を備えた人であった。平素のお礼を述べ、ポーラス電鋳®の開発の動機や今日にいたるまでの紆余曲折、今後進めようと考えていることや最近の状況を話した

会話が途切れたところで、黒崎常務がおもむろに言った。

「ポーラス電鋳®の製造販売権を譲って頂くとしたら、いかほどだったらいいですか?」

泰義は新幹線の車中で、松原所長と打ち合わせをしていたので金額は決めていた。

「三億円です」

答えながら、黒崎常務の顔を見つめた。

「ウーン」

一瞬あきれた顔になったが、すぐに表情を戻した。

「三億円ですか」

もう少し安くなりませんかという言葉は無かったが、その価値を認めてくれたであろうと感じた。やはり想像していたとおりの大物であった。

三億円という金額はあまりにも高く、簡単に「はい、分かりました」と言える額ではなかった。それは江南特殊産業の半期の売上げに匹敵する額だった。

話題はポーラス電鋳®から離れた。まだ昼食までには時間があったが、最上階のレストランに案内された。食事をしながら泰義の頭の中には、自分が利己心の強い考えを押しつけて、黒崎常務に悪い印象を与えたのではないかということが繰り返しよぎった。

「三億円でこの権利を買って欲しい」という考えはまったく無かった。

もし仮に、黒崎常務が「買いましょう」と言って三億円を受け取ることができたとしても、次のアイテムを生み出して事業を発展させることができるであろうか、それはまったく実現性に乏しい話である。

「この時の判断は双方ともにベストであった。中小企業の特徴である熱意、絆と結束力があったからこそ、現在世界の自動車メーカーに使っていただけているのではないだろうか」と泰義は回想する。

しかも、商社が加わらない独自の販路を開拓して、取引先との信頼を築いてきた。さらに、省エネ、軽量化、見栄性、生産性の向上によるコストダウンも出来た。

いずれにしても、松原所長の三億円という高額な金額の提示で、ポーラス電鋳®の製造販売権は買われなくて済んだ。

ガルバノフォーム社

ヨーロッパ自動車産業研修会への参加がきっかけとなって、世界でも最大級の電気鋳造金型メーカーといっても間違いないガルバノフォーム社を知ることができた。

ガルバノフォーム社は前にも少し触れたが、戦後ケミカル企業のイムハウゼン社が買収した会社である。イムハウゼン社の創業者はイムハウゼン現ＣＥＯの父親である。ＢＡＳＦ社の研究所でポリエチレン樹脂を、従来の高温・高圧による工法から常温・低圧による工法を発明した優れた技術者で、これは「イムハウゼン法」と称され、日本の三井化学や日東化学といった大手メーカーに採用されていると聞く。

二度目にガルバノフォーム社を訪問した時の社長は、技術部長を経たミスター・ヘントリッヒであった。ヒゲをたくわえている彼は、「グッド」の時は目を大きく見開いて親指を差し出してうなずくが、反対に「ノー」の時は下を向いて悲しそうな表情になり、顔を横に振るのである。

泰義はドイツ人の中のドイツ人という好印象を当初より抱いていたが、三十年経った今も変わらない友人の一人である。日本人にありがちな「まぁそれぐらいでいいじゃないか」といった曖昧さや曲がったことはいっさい受けつけない人物である。

明確に理解した上で次に進むタイプであるが、それでいて茶目っ気とユーモアのセンスを兼ね備えていて、相手を思いやる気持ちも持つ素晴らしい人格者であった。

平成五年、長瀬産業も加わってポーラス電鋳®のヨーロッパ地域での製造及び販売権の技術供与契約書を交わした。技術供与をしている会社は大企業がほとんどであり、中小企業においては珍しかった。

ポーラス電鋳®の特許は日本国内のみで、ドイツまで及んでいなかったのでいくぶん戸惑いもあったが、すでに国内においてホンダや日産、トヨタが採用していたことも印象が良かった。イムハウゼンCEOは同席しなかったが、技術供与契約を結ぶことには異論がないようだった。

海外で取引をする場合は製品を詳しく説明するマニュアルが必要であるが、江南特殊産業にはなかったことが課題となった。

つまり、ドイツ人にとってマユニアルに従って作業を行い、良い金型をつくりあげることはとても重要であった。しかし、技術上の機密保持の観点から外注に出すわけには

1980年にイムハウゼンオフィスの玄関で、ポリエチレン製造においてイムハウゼン法を開発したイムハウゼン氏（前列左から２人目）と泰義（２列目右から２人目）

いかず、通常であれば大変困るところだが、うまい具合にポーラス電鋳®をマニュアル通りに技術資料としてまとめ上げることのできる社員がいた。

電鋳技術を習得した上で、化学英語を駆使してまとめ上げることのできる人は日本中捜してもめったにいないが、そこで森茂広課長に白羽の矢が立った。森は語学に堪能で、しかも非常に几帳面な性格、このマニュアルづくりは彼にしかできない仕事だった。

早速マニュアルづくりに取り組み、説明の難しい、いわゆる勘の部分はトコトン実験をすることで完成させた。森が作成したポーラス電鋳マニュアルはガルバノフォーム社に提出されたが、実直で正義感の強いドイツ人の技術者が何のクレームもなく受け入れてくれた。ポーラス電鋳®の標準化が確立できた証であったと泰義は思う。

森は六年間在籍した後、独立するために退社した。難題のマニュアル作成を成し遂げた森に対して泰義は本当に感謝している。

話は飛ぶが、ヨーロッパの自動車産業にもポーラス電鋳®は軽量化、生産コスト低減、生産エネルギーの大幅低減、リサイクル、見栄え性などがベンツ、ＢＭＷ、アウディ、フォルクスワーゲン、シトロエン、ルノー各社に認知され、需要も順調に伸びている。

平成二十五年十二月、ポーラス電鋳®の技術供与が二十年を経過して契約が切れる時を前にして、イムハウゼンＣＥＯと泰義は会談した。

「私達の時代は終わろうとしている。この関係を息子たちの時代にも継続していきたいがいいだろうか？　さらに十年間この関係を続けさせて欲しい」

「いいですよ、続けましょう」と泰義は快諾し、契約を交わした。ドイツ人の律義さに感動した一幕であった。そして、彼はスイスの自宅に戻って行った。

不思議な体験

この頃泰義は、左眉の上にできた黒色腫が年をおって大きくなっていることを危惧していた。直径が一円玉ほどになり、近くの外科で取り除いてもらったが、その後黒い小さな点が現れて、一年もすると手術前と同じぐらいになり、黒紫色の盛り上がった状態になっていた。

悪性黒色腫ではないかと疑うようになり、医学書で調べるとすべてが一致していた。

「間違いない」

死を身近に感じる日が続いた。老人や犬猫さえ見るものすべてが、自分より長生きすると思えるようになった。

「もう生きている時間がない。何としても生きたい。ポーラス電鋳型が世界で使われているところを見たい」

ワラにもすがる思いで過ごしていたある日、縁あって大沢寿念大僧侶に出会った。大僧侶は、白い髪とあごひげをたくわえた仙人のような風貌であった。

悪性黒色腫で悩んでいることを話すと、「じ〜っ」と泰義の顔を見て言った。

「私が治してやる。私の言うようにしなさい。おぬしの自宅の北西に不浄な物が埋まっている。それを取り除き、南東の病院で手術を受けなさい。そうすれば治る」

泰義は言われた通りに、不浄な物を取り除こうと庭師を頼んだ。三名の作業者は朝から石をどかし、樹木を掘り起こす作業を始めた。大僧侶と弟子も真剣に、一時も休まず「呪文」を唱え続けた。日も暮れかけようとしたころには家の土台がむき出しになり、もうこれ以上掘ることができない状態になっていた。

作業員の一人が、泰義に「もう出てこんでえ〜」と言ってスコップを洞穴状に掘られた奥に投げ入れたその時だった。「どさっ」と白い物が出てきた。

「それ出た〜！」

驚きと同時に不思議さに感嘆したが、回りの土を掘り出して用意していた一斗缶に十缶ほど詰めた。そして、酒と塩で清めて元に戻した。

白い物が何であったかは不明だが、廃棄物業者に処分を依頼し、大僧侶から言われた通り南東にある病院で手術を受けた。

泰義はその後今日まで何事もなく元気に過ごしいる。しかし残念なことは、大沢寿念大僧侶がそれから間もなくして亡くなられたことだ。「見えない世界の実相」を、泰義の体験談として記した。

【第Ⅵ章】海外

アメリカでの大きな試練

昭和六十年、二年間ホンダEGに専念している間に日本の多くの同業社がアメリカの自動車関連に参入していたが、江南特殊産業もいよいよアメリカで「ポーラス電鋳®」のビジネスを展開する時が来たと本腰を入れはじめた矢先のことだった。そこに、大きな障害がたちはだかった。

国内特許でしかなかったためにポーラス電鋳®の類似品が、ビッグ3に売り込まれていた。それだけなら競合で済むのだが、問題は品質にあった。あまりにも粗悪で、強度のない孔あき電鋳であったため泰義が持ち込んだ「ポーラス電鋳®」も同様の判断をされて、門前払いの状態にあった。そのため、江南特殊産業のアメリカ進出は見事に出鼻をくじかれた。

しかしそれにもめげず、二年後に再び各社に売り込みに回ったがどこも相手にしてくれなかった。昭和六十三年、諦めきれずに気を取り直してもう一度各社を回ったが、今度はこっぴどく叱られてしまう始末であった。

「型が割れたがどうしてくれるのだ！」

当社の物は問題ありませんと説明するが、聞く耳を持たず追い返されてしまった。日本流に言えば、塩をまかれた状態であったのだ。

モノづくりの業界はお互い競い合っているために、良いことは伝わりにくいが、反対に悪いことは一週間もあれば隅々まで伝わると思っていい。このことは何もアメリカに限ったことではない。日本、いや世界中どこでも同じだ。一度悪い風評が流れると取り返しのつかないことになる。

さすがの泰義も打つ手がなく、アメリカでのビジネスはついえさった。そして、それから約十年という長い年月が空しく流れるのである。その間、国内の電鋳生産に専念して技術開発に磨きをかけた。

許されざる事件

JIT technologies社という会社がアメリカで〝日本一は世界一〟というキャッチフレーズを掲げて、日本の中小企業をアメリカに誘致していた。経営者は大石修といった。

江南特殊産業に「合弁会社を設立しないか」という話をもちこんだ。北米進出を考えていた泰義は、大石の両親が日本人で、カナダに移住してから生まれた生粋の日本人ということから、すっかり気を許した。そして、平成九年にカナダのトロントに合弁会社「KTX-JIT Co, LTD」を設立したが、大失敗を招いた。

大石は日本人が英語が堪能でないことをいいことに、合弁会社を作らせては多額の金をまき上げるという方法で、日本の中小企業を食いものにしていたのだ。合弁会社設立の契約時には、社名はKTX-JIT Co., LTDで、泰義は会長であったが、名刺はJIT-KTX Co., LTDになっていて、いつの間にか副社長に代えられていた。

さらにフォードからの売掛金七千万円を大石が着服したため、裁判で争うことになった。

「このようなペテン師を断じて許すわけにはいかない」

平成十一年、トロント裁判所に訴えた。それは二年間にも及ぶ長い裁判となるのだが、同じような事件で勝訴した会社を見つけ出し、そこから知恵をもらった。また、タイミング良く三菱商事の部長を務めた田中潤一氏が入社して、裁判に当たった。

裁判には長い時間と数千万円にものぼる費用がかかったが、平成十五年一月に江南特殊産業の主張が全面的に通り、終結した。

彼は、トロント市内の一等住宅地に豪邸を買って暮らしていたがやがて売り払い、その後のことは、調べる気にもならないと泰義は言う。

この事件の背景には、日本人、とりわけ日本の中小企業がアメリカで裁判まで起こすようなことはないと高をくくり、思い上がっていたように見受けられたところがあった。正義感を貫き通し、粘り強く戦って勝利を勝ち得たが、どこか空しさを感じる勝利でもあった。同じ日本人であることを思うと、残念で悲しかった。

平成十四年一月八日には田中潤一を主体として、改めてKTX-America（ＫＴＸ―Ａ）を設立した。そして、北米全体の営業、金型のメンテナンス、成形を目的とした工場とした。金型をＫＴＸ―Ａに送った後、客先の成形も手伝うことが増えたからである。

ＪＩＴとの裁判を境にお客さんと直接取引をすることを心がけているが、このような中小企業は珍しい。海外を含めてどこも直接、設計、開発、生産技術をしている。そのメリットは、お客さんへのコスト低減はもとより間違い、勘違い、連絡ミス、思い違い等々が極端に少なくなり、その分の信用、信頼関係、コストメリットは大きい。

海外ビジネスにおいて一度のトラブルは、その受けている仕事の利益が吹き飛んでしまうぐらい大きなものと考えるべきで、信頼、信用のマイナスは計り知れない。

当然ながらデメリットもある。人材の確保や教育、旅費交通費、運送費が多くかかる等々だが、間違いのない金型の提供こそが使命だと確信してのことだ。

北米進出のチャンス

平成九年のことである。北米再進出の機会が突然やって来た。ビッグ3の一角であるフォードが世界中の車を調査し、「リンカーン」に採用する高度なインパネの生産システムを捜し求めていた。フォードの責任者はエアーロン・S・ウィーズニュースキー氏であった。

フォードが求めるインパネは、五つの条件を満たさなければならない非常に厳しいものであった。一つは軽量化。二つは生産性＝コスト。三つはリサイクル性。四つはデザインに対してのフリキシビリティ性。五つは省エネ性。

こうした条件を満たすものは、そう簡単に見つけ出すことはできなかった。しかし、エアーロン氏は日本車で見つけ出した。それは、ホンダの「アコード」であった。ポーラス電鋳®によって生産されたインパネは「アコード」に取りつけられて既にアメリカ市場で販売されていたからである。

「ホンダの金型は、どこに発注しているのか？」

やっと江南殊産業を捜し当て、白羽の矢が立った。そしてフォードからメールが入っ

GMの１次ベンダーである「インティーバ社」より感謝状を受ける（前列右から２人目）、
長男で現社長の太一と専務の大山寛治（後列右から）

た。当時インターネットを使っている中小企業は少なかったが、都合の良いことに江南特殊産業は尾張北部におけるプロバイダー事業を手がけていたので、対応することができて幸運だった。

フォードから四名の技術者がデータを持ち込んできた。そして四ヵ月後には試作の「ポーラス電鋳型®」が完成した。

フォードの社員を交えて、社内でトライ形成が始まった。予想通りの素晴らしい出来栄えであった。この時フォードの技術者は大きな喚声をあげ、「ポーラス電鋳®はすごい」と絶賛した。

これがきっかけとなり、北米での「ポーラス電鋳®」の抜き難い不評が一気に氷解したのである。アメリカでの名称は『ポーラスニッケル®』として、商標登録した。クライスラー、ゼネラル・モーターース（GM）も、その後のセールスで「ポーラス電鋳®」の良さを認めた。

北米からの出張者は日増しに多くなっていった。フォード(後に分社してビステオン・オートモーティブ・システムズ）にいたっては、当時テキストロン社から技術供与を受けて、スラッシュ成型ではインパネ表皮の生産に対して三パーセントのロイヤリティーを支払っていたが、「ポーラス電鋳®」工法に全面的に切り換えて、その技術供与を打ち切ったほどだった。

欧米の人達は底抜けに明るいが、中でもメナードさんが印象深い。彼はフランス系で、アメリカの会社に勤めていた。初めて覚えた日本語が「マケテクダサイ」だったというが、その後はどんどん日本語を話せるようになっていった。

事務所には彼の机も用意したが、そのうちに口笛まで飛び出すようになった。泰義はその雰囲気がとても好きだったとエピソードを交えて話す。

それは東京駅の「みどりの窓口」での出来事である。アメリカ人らしき紳士が係員と会話をしていた。その対応がとても良かったように感じて泰義が見ていたところ、その紳士から口笛が飛び出していた。

現在、GMと一緒に取り組んだインパネはさらなる見栄えの良い製品を生み出し、その素晴らしい出来栄えは世界のインパネ関係者から注目を集めている。インパネの生産をしているインティーバ社から感謝の賞状が届いた。

念ずれば通ず

平成十年、デュセルドルフで開催されたプラスチック、ゴム業界の世界最大の展示会「K—SHOW」に泰義が訪れた時の出来事である。

カナダのウエーバー社の展示ブースに、江南特殊産業の百倍もの速さを誇る「ペーパーフォーミング」という新工法で作られたニッケル金型製作のサンプルが展示されていて、社長自らが説明にあたっていた。

泰義はしばらく社長と話をしたが、理解できないところが多く通訳を必要とした。そこでとっさに頭に浮かんだのが豊田合成の安藤光さんであった。安藤さんには生産技術時代に、何度もトライアルに立ち会ってもらっていた。その後、デュッセルドルフの現地法人へ異動になっていた。

泰義は「安藤さんならここに来ているだろう」と直感し、何とか会場で見つけようと思って、社長に「昼までに通訳を連れてくるから、どこへも行かないでほしい」とお願いした。

まだ携帯電話が普及していない時代のことである。二十ほどもある展示館には四万人以上の来場者がいる。その中から何の手がかりもなしに安藤さんを探すことは不可能であると思えた。

「何としても、探し出さなければならない」

ところが、歩きだして五分もたたない内に前方から安藤さんが五～六人を連れて、こちらに向かってきたのである。

「安藤さん、頼む。ウエーバー社の通訳をしてほしい」

「と言われても、私もこのようにお客さんをご案内しているので、困ったなあ。ところでウエバー社ってどんな会社なの？」

説明すると、連れ立っていた人も「ぜひ行きたい」ということになった。

そして、ウエバー社のブースに再び行き、安藤さんに通訳をしてもらって納得出来るまで社長と話すことができた。その結果、新工法でつくるには素材が限定されること、またその過程で猛毒ガスが発生することがわかったので泰義は自社の脅威にならないと判断することができたのである。まさに砂浜からダイヤモンドを見つけるような奇跡であった。

東南アジアの情勢

平成二年の後半からは、東南アジアの成長期であった。

「タイはアジアのデトロイトになる」

マスメディアが盛んにあおった。そのため、日本からも多くの企業がタイに進出を果たした。同業他社も重要な取引先が進出するのにともなって「出るも地獄、留まるも地獄」という状況の中、大きな決断の末に海外に生産をシフトした会社も少なくなかった。

平成三年ごろから始まったバブルの崩壊で、日本は平成五年十月にどん底を迎えた。そして、平成九年にはアジア各国で急激な通貨下落が始まった。タイの通貨バーツは三〇パーセントを超える暴落だった。日本への影響は大きなものではなかったが、インドネシアや韓国は金融危機の渦の中にあった。

その時、ＩＭＦの管理下に入った韓国政府は国民に救済を呼びかけた。国民はこぞってこの危機に立ち向い、各家庭の手持ちの金（ゴールド）を供出した。韓国では結婚記念日や誕生日に「金の物」を贈るという習わしがあるため、それ相応に持っていたのだ。泰義の韓国の友人も供出したと聞き、何と素晴らしい国民性だと感心した。

「日本では、山一証券が自主廃業に追いやられることになった。その他の金融機関が取り付け騒ぎで倒産することを恐れた橋本首相は、驚いたことに公的資金でいきづまった企業を助けたのだ。企業が成長を遂げるのも、倒産するのも、生き延びるのも、企業の責任である。破綻しそうな企業を助けてしまったら自由主義経済とはいったい何なのだ！　仏教には『因果応報』の教えがあり、勤勉さもそこから生まれる。蓄えも善意もそこに原点があるはずだ。それを崩してしまってどうしようと言うのだ。少々の混乱を招こうとも、いきづまった企業は倒産させるべきである。優勝劣敗は自由主義経済の掟であるはずだ。そうでなければ、日本人の勤労、勤勉の心がむしばまれてしまうではないか。そのことこそが、国の大きなマイナスだ！」と泰義の憤りはおさまらず、「バカヤロー！」と布団をかぶり何度も叫んだ。

タイ進出

バーツの暴落以前に進出した中小企業は、大きな衝撃を受けるとともにタイ工場を閉鎖したりした。

平成十五年、江南特殊産業はタイ進出に関して確固たる電鋳ニーズがあったわけではなかったが、ごく自然の流れとして工場の設立を前向きに進めるためのリサーチを行った。それまで日本の自動車メーカーは研究部隊や開発部隊はおかず、金型製作についても情報がなかった。ただ金型のメンテナンスの仕事はあり、取引先はＫＴＸタイ設立を待ち望んでいた。

「電鋳金型をタイで製造すればニーズは大いに期待できるし、電鋳による塗装マスク治具の需要はある。また現地にも製造会社はあるが、品質は良くない」

国内の仕事が伸び悩む状況であり、バーツも落ち着きを取り戻し、さらに成長が期待される時代に入った。その結果、電鋳金型作業を現地で行うことにしたが、ポーラス電鋳®は製造しないということで、工場を建てることを決定した。

場所の選定と工場立ち上げ

泰義の周りには工場誘致の相談に乗ってくれる人がたくさんいた。江南特殊産業にはカナダでの合弁会社ＣＭＴ（カナダモールドテクノロジー）があるが、懇意にしている長瀬産業との縁で藤川敏博氏と知り合いとなり、長瀬産業に在籍していたジャカワンさんを紹介してもらった。

ジャカワン氏は台湾人の父親と日本人の母親との間に生まれ、タイ国籍を有し、多くの事業を展開して大成功していた。泰義は彼と知り合って、気遣い、気配り、思いやり、熱意、信頼、すべてを持ち合わせた素晴らしい人間であることを痛感した。さらに彼はタイ語はもちろん、日本語、英語、中国語にも堪能であった。

そこで工場建設の話を持ちかけると「メッキ工場の一部を貸してあげるから使っていいですよ」と、工場に案内された。メッキも電鋳も設備投資をするうえで、意外とお金がかかるのが廃液処理施設である。さらに、認可を取得することが大変であることをジャカワン氏は体験から知っていた。施設をそのまま共有すれば、泰義がどれほど資金面や手続き面で助かるかという思いやりからの誘いであった。

本当にすごい人だと感激した。しかし、残りわずかなスペースであり、今後、彼が工場増設の時に困ってしまうことが目に見えていた。結局広い心に甘えて「貸して下さい」とはとても言えず、好意だけに感謝して「少し狭いから」という理由で断ったのだ。

その夜、バンコクに戻って、取引先のＶｕｔｅｑ（ビュテック）タイの宮崎順吉社長と会食した。宮崎社長は泰義より二年先輩。大変モノ知りで、世の中の荒波を乗り切る洞察力と実行力を活かして、大きな実績をあげた素晴らしい経営者だった。タイに二十年ほど在住しており、タイ経済を左右することができるほどの人脈を持つ、腕利きの人物であった。

このような人と親しく接することができるのも、泰義の運の強さなのかもしれない。タイへ行く時は、近況報告を兼ねて必ず会って相談を持ちかけていた。実に的確な答えが聞けるからである。

その日も「野田さん、今日は何の用でタイに来たの？」から始まった。

「実は、バーツも落ち着いてきましたし、タイの自動車関連は大いに期待できると聞きます。日本国内は頭打ちですし、タイでの電鋳も期待できるとの思いもあって、こちらに出て来ようかと場所捜しに参りました。それで、今日はジャカワンさんのところに行ってきました。彼は『自分の工場の空いているところを貸してあげるから見においで』と言ってくれましたので、一緒にチョンブリ地区の工場を見てきました」

「う〜ん、チョンブリか〜。野田さん、洪水に気をつけなければいかんよ。チャオプラヤー川の氾濫で、ロージャナ地区やチョンブリ地区は過去に大きな洪水にあっているから、私はアマタナコン工業団地を選んだんだ」

「そうですか。それは知りませんでした」

「まず足がかりだから、小さくても良いだろう」

「ええ、小さくてもかまいません」

「それならうちの工場を使いなさい。貸してあげるから」

「本当ですか、それは有り難いです。ぜひお願いします」

平成十五年二月十一日、工場の場所は決まった。十三日に帰国して早速、工場稼働に向けての会議を開いた。そして翌日には内装についての打ち合わせも行った。

平成十六年七月八日、タイ現地法人KTX Thai Co.,を設立し、日本から二人を出向させ、そのうち一人、後藤寛工場長を代表取締役にした。ところが後藤はタイ語も英語も出来ず、すべて通訳頼みのため、せめて工場立ち上げまでは会話のできる社員を送ることにした。

そこで、アメリカ工場への派遣を決めていた北村淳真をタイに送り込んだ。北村は英語が堪能で、技術者としてのキャリアも兼ね備えている若手のホープだったので急きょスタッフに加え、しばらくタイ常駐を決めた。

パタヤでの慰労会に参加する（前列左から２人目）

Ｖｕｔｅｑの工場の一部を借り、現地のタイ人五人を雇って電鋳型製作、電鋳型修理、金型修理、金型メンテナンスをはじめた。後藤は熱心に仕事をこなし、おぼつかない会話で現地スタッフを育成した。そして、客先である日系企業に気に入ってもらえるものを造り込んでいった。現地のスタッフも後藤の人柄に絆を感じて、高度な技術を次々にマスターしていった。

平成二十三年七月、宮崎氏が話していた通りチャオプラヤー川が氾濫して、ロージャナ地区やチョンブリ地区にある日本の大手企業や多くの中小企業が水害に見舞われた。被害を受けた方々には大変申し訳ないが、幸いにもアマタナコン工業団地は難をのがれたのであった。

バイク事故

タイに進出して五年の歳月が流れた。その間に電鋳を主体とした金型造りと塗装マスク治具を製作するKTX Thai、それに加えて射出成形と射出成形型を主体としたKTX Precision Thailandを設立した。

将来が期待されていたある社員に悲劇が襲った。シン君はバイクで通勤していたが、ある日のこと、勤務を終えて帰宅途中、トレーラーに追突して尊い命を散らしてしまった。人柄はとても温厚で、皆から慕われていた。

葬儀は彼の実家で執り行われることとなった。実家までの道程はバスで八時間かかる山村にあったが、ＫＴＸプレシジョン社長の山下は即座に貸切りバス二台を仕立て、従業員全員で告別式に出かけた。

現地の僧侶数名で厳粛な葬儀が執り行われ、終わりを告げようとした時であった。一人の僧侶から、シン君のパソコンを譲ってほしいという申し出があった。しかし、彼のパソコンは別の社員が譲り受けることに決まっていたためていねいに断わると、その僧侶から「そのパソコンをそのまま使っていると次々と同じような事故が起こるぞ！」と呪いにも似た言葉が返ってきた。

タイは仏教国で、国民の九〇パーセントが熱心な仏教徒だ。僧侶の地位は高く、日本では考えられないくらい国民からあがめられている。

従業員たちは恐れおののき、この言葉に動揺した経理のマネージャーをはじめ数名が退職してしまった。その後も退職者が増え、一時は収拾がつかない状態に陥るのではないかと思案したが、解決策は見当たらなかった。そこで、Ｖｕｔｅｑタイ社長の宮崎氏に相談を持ちかけると、さっそく明確な答えが返ってきた。

「僧侶の中にはそういう人もいます。すべてが善人とはいえない。したがって、そういう時は二段も三段も位の高い僧侶を招いて説法して頂くと、その現象は止まるはずです。位の高い僧侶を紹介してあげましょう」

話がまとまり、素早く実行した。仏陀が祭られている祭壇には、いつもよりさらに清められたお供えを盛りたくさんにし、社員一同でおごそかに清めの式を開催した。説法を聞いた社員たちは平常心を取りもどした。それ以後、退職者は出なくなり、半月あまりでこれまでの生産リズムを取り戻すことができた。

泰義は、宮崎社長のすばらしいアドバイスのおかげで助けて頂けた。本当にありがたい存在であると振り返る。

これには後日談がある。真っ先に退職した経理のマネージャーは、以前から経理上で疑いをもたれていた、いうなれば問題社員だった。後ろめたさを感じていたのだろう。同じような事故が発生すると聞いたとたん、今度は自分に降りかかるのではないかと思ったに違いない。この事件によって社内に潜んでいたうみを出しきることができた。

宮崎社長から「経理の責任者には家柄の良い人を採用しなさい」と教わった。「タイでは、特に家督を大切にするから間違った行いをしない」ということだった。

韓国でのビジネス

泰義が営業をしていた当時、韓国の自動車関連企業の課長以上は日本語か英語を話すことができた。昇進試験ではどちらか話せることが必須だったようだ。したがって言葉の問題はなく、一人で営業に出かける場合も多かった。

韓国のビジネスは、日本と異なる点が大きく分けて四つある。

一つは、自分が習得した技術は自分のものとして囲い込むことが多い。そのため、担当者が代わるとその都度技術説明のためにサンプルを持ち込みに行かなければならなかった。その上、急激な成長期で一年もすると異動となっていた。

二つは、現在では全くないが正式な見積書が発行できない。そのつど、見積書に上乗せを要求された。

三つは、徴兵制度による上下の関係が日本の先輩・後輩とは比較にならない。物事が命令形で対処しているところを見ると、確かに進めるスピードは速い。

四つは、宗教が少なからず影響している。大きくキリスト教と仏教に二分されている。泰義には苦い経験があった。商談が順調に進んで九割方決まったが、最後に「宗教は

韓国の「兄弟」金時煥氏（右）と会食

何ですか」と問われて「仏教です」と答えると、「キリスト教に変えなさい。そうしたら発注しましょう」と言われたのだ。開いた口がふさがらなかった。結局、商談は不成立となり、競合メーカーに仕事は流れてしまった。

そんな韓国には「兄弟」と呼び合う人がいる。その人の名は全時煥といい、家族ぐるみの付き合いをしている。全氏も仏教信者だが、訪問する会社へ向かう車中で「これから会う人はキリスト教の信者だから、宗教の話はしないでね」とアドバイスをしてくれたこともあった。日本人が感じている以上に、隠れた対立があるようだ。

「現在、日韓関係は政治的に残念な関係にある。しかしモノづくりやビジネスをする立場としては、常に技術力を高めて取引をしている。その国の産業に役立つモノづくりに徹することが大切であると思っているが、政治をつかさどる人々には国の威信をそこなうことなく、堂々と大所高所の立場から友好関係に最善を尽くしてもらいたい」と泰義は願う。

伝説のエラントラ現象

平成二十三年十二月、ＫＴＸのポーラス電鋳®の凹引型が脚光を浴び、その後に自動車メーカーの内装軽量化と見栄性に関心が高まったことによって、国内ドアー内装の需要が伸びた。世間では「伝説のエラントラ現象」と呼ばれた。

韓国現地法人「KTX mold korea」の責任者である趙理事からドアーの製品が届いた。韓国では「アバンテ」として販売され、北米では「エラントラ」の車名で現代自動車から、平成二十三年九月に発売された製品である。

アメリカのクルマ雑誌『コンシューマー・レポート』がエラントラの内装の良さをとりあげて載せた。日本の同じクラスのカローラ、シビックと内装の質感を比べると、日本は貧弱だと叩かれた。そんな時、ＫＴＸの国内営業に日本の部品メーカーから連絡が入った。

「アメリカで発売されたエラントラのドアーの内装金型はＫＴＸさんのですか？」

「そうです。弊社で作りました」

国内のサプライヤーを差しおいて、海外にもっていったわけではなかった。幾度となく受注しようと勧めたが、コスト面で折り合わず、国内サプライヤーでは現状維持の工法が採用されていた。

時は朴政権に代わり、日本からの輸入は極端に制限されていた。韓国国内の調達を優先させていた中にあって、現代自動車のドアーメーカーであった韓一理化の開発、技術、生産技術部隊は、品質と生産性に重点を置き、KTXの型にこだわったのだ。

韓一理化の研究所が仁川に完成、平成二十一年に泰義が訪問した時、全常務が案内した。全さんは課長代理のときからの知り合いである。泰義が兄弟と呼び合う全時煥氏の弟である。

その研究所の二階部分は二千平方メートルほどの広さで、世界中の主だったドアーが整然と並べられていた。その一品、一品に番号が記され、それをパソコンで検索すれば、全てのデータを見ることができるという素晴らしい展示室であった。

現代自動車から「次の車種に使うドアーについて、日本の四社のコンパクトカーに対してコスト、軽量化、見栄、感触などすべての面で勝つことができるドアーを提案してほしいという要望があれば、即座に対応ができるようになっている」と聞いて驚いたが、「伝説のエラントラ現象」も、そのあたりの取り組みの熱心さから生まれたのではないだろうかと思われた。

ここに韓国と日本の自動車メーカーの取り組みの違いを感じた。韓国は日本に負けまいと取り組んでいるのに対して、日本は常に先頭ランナーであるために、開発や研究費の中でも品質保証にばく大な時間とカネをかけるので大変である。

平成二十三年「エラントラ」は北米の国際モーターショーで「カー・オブ・ザ・イヤー」に選ばれたので、その年の販売は四〇パーセント急増し、アメリカのコンパクトカー市場でトヨタの「カローラ」、ホンダの「シビック」に次ぐ人気車種になった。

このクラス以上の車については北米、欧州、日本もKTXのソフトドアーを採用していたが、コンパクトカーの領域まではポーラス電鋳型の凹引き型は採用してもらえていなかったので、いち早く「エラントラ」の内装にKTXポーラス凹引き成形型を使ったことが高く評価された一因でもあった。

内装評価も高く、発売当初は大変売れたが、燃費偽装の問題が発覚した。カタログ表示と実態との開きがあり過ぎるという問題になり、翌二十四年十一月にEPA（米環境保護局）は、最大九・六キロ／リッターの過大表示とし、エラントラを含めて約九十万台に影響が及んだ。現代自動車はこの事実を認めて、賠償金約一億ドルの民事制裁金を支払うことで和解した。

その後は軽自動車にも波及して、内装は以前にも増してソフトに、しかも豪華な見栄えに変わり、「KTXにとって地球環境の改善をともなった社会貢献ができる喜びとともに社員のモチベーション向上にもつながっている」と泰義は言う。

趙培彰との縁

平成十七年に現代自動車とGM三星社の二社がポーラス電鋳型を採用したことにより、韓国でのビジネスが急速に増えた。それに合わせて「KTX Mold Korea Co.Ltd」を設立した。責任者は趙培彰である。彼は泰義が営業をしていた時のお客さんであったが、何度か勤め先を変えた後、縁あって江南特殊産業の社員になった。

趙が入社してから韓国での売上げは飛躍的に伸びた。その国のDNAを持ち、技術に明るい人が営業を行うべきだというのが、泰義の持論だったからである。

泰義は趙に同行して大宇自動車を訪問した時のことである。雪が散らつく、大変寒い日であった。

泰義は袖の短いコートを着て車外に出たが、趙はコートを持っていたが着なかった。「寒いからコートを着ろよ」と促すと、「いや、着ません」と答える。理由を聞くと「私のコートは社長より袖が長いのです。ですから、私がこれを着てお客様にお会いすると私が恥をかくばかりでなく、社長も社員の教育ができていないということで良く思われません」

「そうか、それが儒教の教えか」

儒教の教えを守って、熱心に営業に励んでくれでいることに対して「なんて良い社員に恵まれ、運が良いのだろう」と泰義は、天に感謝した。


韓国では現政権の政策で国内企業からの調達が広範囲に徹底されているため、日本からの金型の輸出は大変厳しい環境にある。しかし、ポーラス電鋳金型は輸出タイプの金型である。そんな販売環境の悪い中でも趙は活躍している。

KTXは韓国の新幹線「KOREA TREIN EXPRES」の頭文字と同じなためよく知られているが、趙は地球温暖化貢献金型が韓国自動車メーカーに採用され、さらに理解されてきた実績を活かして工場を立ち上げるために奮闘している。

中国の兄弟

中国関係では六名の営業スタッフ（日本人四名、中国人三名）があたり、二〇一五年時点で売上の三〇パーセントを占めている。近年成果を上げていて、信頼を得ながら実績を積み重ねている。営業は大変な努力をしている。

この国にも泰義には「兄弟」と呼び合える人がいる。浙江利民社の池幼章会長である。彼は泰義より六歳年上である。

浙江利民社には「ポーラス電鋳®型」の採用を決めてもらい、ダッシュバンやドアーの生産型を使って利益を上げるという強い思いを持って、何度も営業スタッフが訪問していた。

そんな時、泰義はスタッフに松下幸之助氏の言葉を繰り返し伝えて諭し、送り出していた。

「お客様が欲しがるものを売るな、お客様のためになるものを売れと言っておられるではないか、KTXの金型はまさにそれだ。きっと先になって感謝されることは間違いないから、頑張りなさい」

何度か足を運んでいたが、「池会長の許可が出ないと前に進まないので、社長が行って会ってほしい」ということになった。

初対面ではあったが、池会長は中国共産党の省をまとめる大きな組織の大将だけあって何事にも慎重であったが慈愛に満ちた良い顔をしていて、魅力にあふれていた。先方も泰義に良い印象をもったようで、長年の懸案であった口座はその場で開設にいたった。

後日、池会長が江南特殊産業を訪れ、展示室を案内した時のことである。会社の沿革を食い入るように見ていて、振り向いた途端に言った。

中国の「兄弟」池幼章会長（右）と握手を交わす

「野田さんも苦労しているねえ」

「いやそんなことはないですよ」

「私と兄弟になろう。いいか」

泰義も尊敬出来る人物とかねがね思っていたので、「いいですよ。兄弟になりましょう」と即座に応えた。

中国を勉強する会で「ビジネスをする上で、中国社会は卵の殻のように堅くてなかなか中に入ることが出来ないが、中に入ることが出来たら兄弟家族同様になり、何でも許される深い関係となる」と聞いていたが、池会長とはそのような関係になった。


浙江利民社は、ボルボの乗用車部門を買収して話題になっている吉利汽車社との関係も深い。池会長がその関係を話した。

池会長はもともと靴の製造業で財をなしたそうだ。その頃、兄弟同様の李会長の吉利汽車社は大変な時期であったが、池会長は物心両面で助けたので、吉利汽車は次第に業績を回復していった。しかし、今度は靴がマレーシアやインドネシアとの競争に巻き込まれて窮地に追い込まれた。池会長はそのことを誰にも話さなかったが、噂を耳にした李会長は池会長に、靴をやめて自社の自動車部品を生産することを勧めた。池会長は李会長の申し入れを受け、吉利汽車社にドアーやインパネ、ホイール、ハンドル芯がねなどの部品を供給する会社となったのだ。その後、両社は素晴らしい発展を遂げ、今日に至っている。

中国にも浪花節の世界があり、泰義はその中に加えてもらっていることに感謝している。

餞麗麗とおあてがい

中国人の餞麗麗（センリーリー）の話をしよう。

彼女は日本留学中にパートタイマーとして江南特殊産業に勤めていたが、卒業と同時に正社員として採用された。流暢《りゅうちょう》な日本語を話して発音もきれい、非常に活発でやる気、元気をもち、天性の明るさも兼ね備えた優秀な女性であったので、中国との営業の補佐的な役割を担った。

ある時、泰義が営業担当者に誰もが欲しくなるほどのブランドのバッグを渡した時のことである。彼女には考えた末に渡さなかった。

「私もほしい。ください」

そこで泰義は「日本には本来要求する文化はない。目的を果たして周りから認められ、初めて頂けるものなんだよ。それを日本では『おあてがい』とい言うんだ」と優しく諭した。すると「何も知らなくてはずかしい。頑張ります」と、健気な言葉が返ってきた。

半年が過ぎ、海外出張も増えてきた頃を見計らって泰義は彼女にバッグを渡したのである。

その後の彼女を見ていると自由闊達で、明るい性格も手伝ってどんどん仕事を覚えて中国とのビジネスに欠かせない人材になっている。

姑息なエルカメット社

ポリカ街路灯カバーを生産する「金網配管電鋳法」は、江南特殊産業が日本、ドイツ、アメリカで取得した特許工法である。

高温で加熱したオイルを巡回させ、金型表面温度を三百度以上に上げる。そして、ポリカーボネートのパウダーを型内に放り込むと中空の肉厚の均一な成型品ができる。しかし、型をつくったもののそれにマッチした成形設備がなかった。そのため自社でつくって世に出した回転成形機が『GYRO SPACE』である。これは、豊田合成で設計をしていた鈴木昭彦氏が江南特殊産業に入社した時に設計し、国内外の特許を取得した。

鈴木氏は大変優れた技術者で、彼でなければできない仕事であった。江南特殊産業を退社した後、外資系の大手の部品メーカーに入り、その後は設計会社を設立し成功している。

さて、ここで話題にするのは、エルカメット社である。ドイツの学園都市マーブル市にあり、ポリカ街路灯カバーの製造では世界シェアの大半を占め、ほとんどの生産がその工場で行われていた。ところが平成十二年、火災で工場が燃えてしまった。当然取引をしていた、松下電工（現パナソニック）も困ったに違いない。

ちょうどその時、江南特殊産業は『GYRO SPACE』を完成して、販売をスタートさせた時であった。松下電工は協力会社のミサキ電気に依頼して、ポリカーボネートの街路灯の国内生産を江南特殊産業の生産システムで始めた。

驚いたエルカメット社のエバード・フラマー社長は、技術者を引き連れて江南特殊産業へ二度来た。泰義は、その後一度だけエルカメット社の工場を訪問したが、肝心の街路灯の生産工場は見せてもらえなかった。説明を求めると「この業界は競争が激しいから」と口を濁した。

「それなら、他人の会社を見せてほしいなどと言うな」

技術を盗むために二度も技術者を連れて来て自分の工場は断るといった、実に姑息な会社であった。

「わが社のメカニズムを盗み、型も特許のおよばないイタリアで密かにつくっているに違いない。不愉快極まりない。ドイツ人にも盗人猛々しい恥知らずな腰抜けがいるものだ！」

同じドイツでも江南特殊産業の供与先である、ガルバノフォーム社とは大違いであった。

モンゴルでの経験

江南特殊産業の取引先で、兄貴的存在でもあるＶＵＴＥＱ社は「VUTEQ MONGOL社」を平成十五年に立ち上げ、江南特殊産業はその仲間に加わった。その目的はモンゴルの優秀な人材の確保と育成であった。三次元データをモンゴルでつくり、日本でモデル製作ができれば両国にとって意義ある事業になると思ったのである。

モンゴルは気温が全般的に寒くてモノづくりには向いていないが、コンピュータ作業は暖かい部屋があればできる。優秀な人材も多く、熱心で粘り強さは日本人以上だ。

アムガー君、バトフ君、スク君という三名の優秀な大卒が入社したのを機に、まずＣ

ＡＭデータ作成と日本語の勉強のため二年間日本で実践し、その後一人をモンゴルに送り込んだ。

ところが、モンゴルの会社でデータを作成し、日本に送る作業を何度繰り返してもうまくいかなかった。一番の原因は、電力のインフラ整備が整っていないことだった。その他にも幾多の要素も考えられた。

モンゴルにいる担当者を呼び戻して犬山工場と江南工場の間でも試みたが、うまくいかなかった。

「余計にお金をかけて、このまま継続する必要が果たしてあるのか？」というのが現場の声だった。

泰義はハッと気がついた。自分の想いとこれほどまでに違っているとは思いもしなかった。

「モンゴルの人達に、このまま定年までいてもらうというわけにはいかないだろう。国に帰って、早く家族と共に生活ができる環境にしてやらなければならない」

彼らを説得し、やっとその気になってもらった。さらに努力を重ねて、モンゴルとの三次元データのやりとりがスムーズにできるようになり、やがてはモンゴルの設計室からのデータで日本の加工機がうまく作動することを願い、現在も継続中である。

TATAモーターズ

平成十九年、フランスの自動車部品メーカー、フォーレシア社の技術部長だったS・K氏が、ドイツのデュッセルドルフで開催された「K—SHOW」（三年に一回開催する世界最大級のプラスチックゴムの展示会）に出展していた江南特殊産業のブースに立ち寄ってくれた。

彼はポーラス電鋳®によるインパネの試作から量産までの経験をもち、腕利きのエンジニアになっていた。その後インドのTATAモーターズに移籍し、エンジニア部門を受け持つTATAオートコンプシステムズ（TACO）の副社長になっていた。

海外では経験豊富なエンジニアが突然、他社でトップになることが多々あるので面白い世界である。

「来月にでもプレゼンに来なさい」

TATAモーターズと言えば、当時英国のローバーとジャガーを相次いで買収し、高級車づくりに社運をかける力の入れようであった。

十一月に泰義は専務の大山寛治をともない、「ポーラス電鋳IMG（凹引き成型）」のプレゼンのためにTACO社を訪れた。

当日、S氏は三十名ほどの開発や設計のスタッフを集めた。泰義らがポーラス電鋳IMG（凹引き成形）について説明を始めると、S氏は熱のこもった合いの手を入れた。「だから軽量化が図れる」「だから生産コストが安い」「だからリサイクルができる」「だからデザインに対してフリキシビリティ」「だから省エネ」

その姿は、まるで救いに飢えた人々に福音を与える伝道師のようであった。そして帰りがけに言った。

「来年『SAFARI STOME』のモデルチェンジがスタートするから、来てほしい」

新年を迎えた早々に、TATAモーターズはこれまでとは一変して安価で話題性の高い「NANO」を発表した。自動車産業に関わる者にとって、十万ルピー（発表当時は日本円にして二十八万円）は驚きの価格で、話題は持ち切りとなり各方面から注目を集めた。しかし、KTXに期待して依頼したのはその「NANO」ではなく、前年のプレゼンの際にも言われた「SAFARI STOME」のモデルチェンジ車であった。

平成二十年四月、大山は再びTACO社を訪問した。この時、成形機設備と成形型および成形技術をセットで受注した。五ヵ月後、すべてが約定通りに完成した。

「請求書はTATAモーターズが支払うから、TATAモーターズに送ってほしい」

これによりTATAモーターズに口座ができた。L／Cによる入金が完了すればいつ

TATAモーターズにて（左端）

でも発送できる状態にあったが、先方から音沙汰がなく、一年半が経過した。

平成二十二年にはS氏に連絡したが、彼はすでにアメリカ企業に移籍していた。再三再四、引き取り請求をしたためTATAモーターズはやっと重い腰を上げ、一人のエンジニアが江南特殊産業を訪れた。すると、応対にあたった営業担当者が目を赤くして泰義に報告した。

「追加項目で発生する必要な費用を加えましたが、契約書にサインをしてくれません」

経緯を聞くと、成形機に三十六項目の追加注文を加えた上で、請求金額はそのままでやれという。これにはただあきれたが、インドとの取引ではお金の回収ができないといろいろなところで耳にしていたので、こんな落とし穴もあったのかと思ったが、その理不尽さに泰義の正義感が黙っておらず、担当者に任せておくわけにはいかなかった。

「日本人をなめるんじゃないぞ！」

この時の売掛金は二億五千万円、中小企業にとって半端な金額ではない。この時ばかりは、泰義も全身で怒りを爆発させた。

「もういい、すぐに帰れ！」「金は要らない！」「その代わり、注文の型も成形機も送らない、成形技術も何も教えない」

そう言うなり、憤然としてその場を去った。担当者がどのように訳したかは知るよしもないが、泰義の気迫は十分伝わったはずだった。

日付が変わろうとする時に、担当者から電話がはいった。

「社長、有り難うございました。先ほどサインを頂きました」

サインをしてくれたということは、追加項目には別に費用がかかるということを認め、支払うということであった。

エンジニアが帰国してから半年経過した後にL／Cは発効され、すべての費用は回収することができた。

正しい考え方、正しい振る舞い、正しい商い、適正な価格、さらにお客さんに対して高品質な生産の向上を図り、利益が期待できるモノづくりを常に心がけていれば、必ず理解してもらえると泰義は確信している。

ここでも「正しいことは、必ず成就する」という正眼寺での教えを実現することができた。

人間万事塞翁が馬

後日談がある。TATAモーターズ向けの成形機は、一年半の間、組み立て現場に放置せざるを得なかった。しかし、そのことが思わぬ幸運をもたらした。

平成二十二年、中国のヤンフェン・ビステオン社から金型の発注があり、責任者が江南特殊産業を訪れた。帰る時に一行から「工場を見学したい」という申し入れがあったので、差し支えのないゾーンだけにしぼって案内した。

その時、出荷待ちの成形機が彼らの目に入った。

「この成形機は、どこの企業が注文したものですか？」

「ＴＡＴＡモーターズ行きのインパネの量産成形機です」

江南特殊産業の営業マンがいくら成形機をつくっていることを話しても軽くあしらわれて実績に結びつかなかったが、現物を見て目を見張った。

「成形機もつくっているなら、金型と併せて発注したい」

「人間万事塞翁が馬」ということわざを、実感することができたのである。

マヘッシュとの縁

マヘッシュというネパール人とも、面白い縁があった。

いずれインドに営業所を開設することを見込んで、インド語、英語、日本語が堪能であることを条件にインターネットで社員募集をした時のことである。給料は日本人と同等ということもあって二百五十名が応募してきた。そこから営業が中心になって選考し、マヘッシュの採用を決めた。

ところが奇妙なことが起きた。なんと翌日、泰義の隣家の奥さんがマヘッシュを連れて挨拶に来たのである。

「この度、私達のグループで面倒を見ておりましたマヘッシュ君を採用していただきありがとうございました」

泰義は引越して間もない頃だったので隣の奥さんの顔を知らなかったが、これも縁にほかならない。

数年後、マヘッシュの結婚式がネパールの首都カトマンズ市内で行われ、泰義も招待された。披露宴となり、泰義のとなりにファーストレディが着席した。どうしてこのような方が出席されるのか、泰義は不思議でならなかった。

後日、本人に「お父さんの職業は？」と聞くと「結婚式当時は、王立ネパール中央銀行のナンバー3の立場だった」と答えた。

その後、KTXのグローバル販売の展開がさらに進み、マヘッシュも持ち前の実直な性格と語学力を活かしてスペイン、インドのビジネスを取り込んで活躍している。

ビッグ2破綻

平成二十一年五月にアメリカのクライスラー、続いて六月にGMとビッグ2が相次いで経営破綻するという事態が起きた時に、泰義はテレビ局から取材を受けた。直接ビッグ2と大きな取引している中小企業は、江南特殊産業以外少なかったからだ。

噂を聞きつけた経営者仲間や同級生、知り合い、近所の人からは「大変だねえ、大丈夫、回収は出来るの？」と口をそろえて言われたが、泰義は少しも大変とは思っていなかった。

「アメリカの自動車産業を担う二社がなくなってしまうことなど絶対にあり得ない」

これが泰義の「確信」であり、「ビッグ2は必ず立ち直る」という考えは変わらなかった。

「むしろこれは、絶好のチャンス到来かも知れない」

クライスラー、GMと直接口座をもってビジネスができている現実をありがたく思い続けていたからだ。

そんな時であった。泰義は北米営業担当者の電話でのやりとりを耳にはさんだ。

「GMが破綻したので、いま手がけているシリーズのインパネ作業をストップするように」

その瞬間、泰義は電話を取るやいなや「お前にストップさせる権限はない。勝手なまねをするな！　いつ取引をストップせよと言ったか！　取引を止めるも続けるも、決定するのはお前では無い、それは社長である私の権限だ！　なぜ勝手にストップするのだ。独断は許さん！　止めるな！　続けろ！　納期も守れ！」といあわせた従業員が震え上がるほどの剣幕で叱責した。

泰義はこの時ほど社長室をもたなくて良かったと思ったことはない。もし社長室があり、そこに閉じこもっていたら情勢は大きく変わっていたに違いない。

案の定、泰義の思いは的中した。後日、GMは取引先を三分の一に減らした。去る者は追わずである。

泰義のビッグ2に対する取引の考えは、必ず立ち直ると言う確信ともう一つは明快な独自の信念である。

「義理と人情の世界は、何も日本だけの特殊なものではない。どの国においても、共通するのは義理と人情である」

やがて、予測通りGMとクライスラーは立ち直り、その勢いはアメリカの景気を押し上げるまでの回復を果した。現在GMではKTXの工法のインパネに取り組み、上海G

M社にも採用されて成果をあげている。

急激な円高

平成二十三年には、社名を江南特殊産業株式会社からKTX株式会社に変更した。海外の合弁会社を除く全ての子会社は、KTX Thai、KTX America、KTX Precision、KTX Mold Korea、KTX Corpration Syanghai Officeであったが、これらは長期計画に基づいて進めた。

泰義は江南商工会議所会頭を務めあげると同時に、国内の客先や地域に慣れ親しまれた社名を返上し、グローバル対応のために名称の統一を図った。

その年はアメリカの国債が格下げになり、急速な円高の波が押し寄せた。すると、泰義に再びマスコミの取材が続いた。

確かに円高は、中国市場においてEUと韓国との商戦で苦戦を強いられた。円決済で中国と取引していたため、EUに対しては二〇パーセント～三〇パーセント、韓国とでは三〇パーセントの為替のハンデキャップが生じたが、それでも一ドル八十円のレートで海外取引を進めた。

ＥＵ圏のガルバノフォーム社も「ポーラス電鋳型」以外の金型では契約上のしばりはなく、安いユーロをたてに中国市場に乗り込んだ。コスト面では太刀打ちできず、失った商圏も複数におよんだ。同時に、韓国のＭ社も安いウオンを背景に競争のうずの中に紛れ込んできた。

さらに追い討ちをかけたのが、中国、韓国における靖国問題、慰安婦問題、領土問題にともなう反日感情である。したがって、全体の仕事量も少なくなっていった。

三〇パーセントのコストダウンを図らなければならない現実に直面した時には、折り合いがつかず、受注できなかった。

「おあてがいがなかったな」

精一杯尽くして天の判断を仰ぐ。結果が失注になるのであれば、それはそれで仕方がないことである。

このような円高時はじっと耐えしのぐ。実際、ハンディキャップのすべてを埋めることは難しかった。それでも社員を守り、会社を継続するためにコストを下げることはしなかった。

社内の経費節減に全社が一丸となって取り組んだ。賞与も基準で計算すると最低であったが、社員は耐えた。営業も現場も大変苦しい日々だったと想像するが、一緒に社長の考えを貫いたのだ。中でも顧客の考え方がコスト一辺倒でなかったことが幸いした。それは「お客さんが品質の高さを重視したから」と泰義は振り返る。

認められた理由の一つは、過去にお客さんからトラブルが発生したという第一報を受けた場合、金額を決めずにすぐに技術者を現地に送り込み、修理にとりかかって生産ラインを止めることなく対応したこと。二つは、技術力が高いこと。三つは、上海に事務所を開設してお客さんとの距離を短くし、開発や設計のサポートを行ってきたこと。

この年の売上高は三〇パーセントダウンとなった。しかし、わずかではあったが黒字を確保することができた。

【第Ⅶ章】結実

地域への奉仕

泰義は平成十二年に江南商工会議所副会頭、十六年からは会頭に就任し、十年間、地域奉仕に努めた。

江南市の中心にある商店街は、五〇パーセントが〝シャッター通り〟化していた。原因は、大型スーパーが郊外に競って開店したことにより、住民の流れがすっかり変わってしまったからである。

その流れに対して手の打ちようもなく心を痛めていたのだが、江南市自体も大きな問題を抱えていた。それは市街地の商店主と地主が異なる場合が多く、複雑な状態であったことだ。郊外への流れを押し止どめることも必要だが、それよりもまず企業誘致を行い、人口の増加と市民がもっと誇りを持てる魅力ある街づくりが必要であると、泰義は感じた。

頭に浮かんだのは「活気ある工業の盛んな街」であった。そして、地盤、地主、地価、産業について細やかに調べあげた。

まず過去の地震の発生分布を調べると、東海地方では極端に地震が少ない地域であることがわかった。また、近くを流れる木曽川の関係で二〜三メートル下はグリ石で形成されて地盤が大変固いこと、そのうえ地下水が豊富で上質なことが判明した。

さらに土地所有者の多い農家では、後継者が農業に関心が薄いことがわかった。問題の地価は比較的リーズナブルであった。

かつてこの地方は「ガチャマン」と言われた繊維産業が栄えていた。特に高級カーテン地の生産が国内の八〇パーセントのシェアを占めていたのだが、この分野も家電や陶器などより以前に安価な中国製の影響を受け、気がついた時にはすでに手遅れの「湯でガエル」状態に追い込まれていた。

「なんとか、打開策をうたなくてはならない」

泰義は使命感を強く抱いた。工業の関係は得意とするところであった。

「どのような仕掛けをして企業の誘致を行えば、街おこしをうまく軌道に乗せることができるか」

地域の情報をくまなく集め、光産業（ＬＥＤ）をともなった精密工業関連企業の誘致が最適であるという思いにいたった。泰義のこの発想は、情報を集めて細かく分析をした上でのひらめきとカンであり、決してやみくもではなかった。

何ごとも「急がば回れ」ではないが、まず「ＬＥＤの街・江南」のキャッチフレーズを掲げて、遊びからとりかかることにした。

LEDで街おこし

従来から「江南市民まつり」は、毎年十月の第一土曜日と日曜日に開催されていた。それと併せて、チャッチフレーズ「LEDの街・江南」を実現するために平成十七年から準備を進め、翌年に日本で初めて凧《たこ》にLEDを取りつけた「夜の親子連凧あげ大会」を、商工会議所の職員を総動員してスタートさせた。

事始めは遊びからとの発想で企画し、教育長や小学校の先生とも相談した結果、中学受験を考慮して対象を小学校四年生にしぼった。そろそろ親離れの時期を迎える子供を持つ親と子のコミュニケーションを提供するねらいもあった。

市内の小学校十一校が参加し、それぞれの組が夜空に百連凧をあげて大いに競い合うのである。教育長、学校関係者、子供の応援に足を運んだ親、市民が見守る中、勇壮な大会の幕が切っておろされた。親子が掲げる百の連凧は絡み合いをさけながら夜空に高く舞った。

日本凧の会尾張支部の澤木寛支部長をはじめ会員は、祭り当日の朝からボタン電池とLEDを組み合わせるという大変な役割を担ったが、それだけでは終わらなかった。

同時に四メートル×六メートルの大凧にも、ＬＥＤをたくさん取りつけてあげるのである。カーボンブラックシャフトを使用して軽量化を図ったが、さすがに素人ではあげることができない。日本凧の会の会員の指導で夜空に高くあがった時は、ドッと歓声があがった。

こうして第一回は大成功に終わった。なお、祭りの開催に際しては、豊田合成より社会貢献事業の一環として一万個のＬＥＤを寄付してもらい、その後も毎年寄付は続いている。なお、子供達にはＬＥＤとボタン電池がおみやげに渡される。

豊田合成をはじめＮＨＫなど報道関係、教育関係、市民、そして江南商工会議所職員の協力があったからこそ実現出来た一大プロジェクトであった。この催しは毎年開催され、年々参加者が増え続けている。

泰義は、この祭りに参加した子供達が成人した時に、故郷の江南市を愛して「ＬＥＤの街・江南」の担い手が出てくれることを切に願っている。さらに、市内では「江南ＬＥＤイルミネーションコンテスト」が、明るく楽しい街づくりの一環として毎年十二月に開催されている。

夜空にLED付きの大凧をあげる（左）

大鏡餅を奉納

平成十六年、国府宮のはだか祭に「大鏡餅」を奉納するという大きな行事を江南市が二十五年ぶりに行うことになり、泰義は奉賛会幹事長の役を受けた。

神社関係者、先輩諸氏、近隣市街の関係者、そして江南市民の協力を受けて、一年間様々な神事を執り行ない、無事に奉納出来たことを関係者一同で喜び合った。その時の記念誌に奉賛幹事長として泰義は挨拶文を寄せた。

「その時々の行事に、最もふさわしい天候に恵まれながら、大勢の皆様の献身的な、ご協力のもと進めることが出来ました事を、心より有り難く感謝申し上げます。

この行事一つ一つを進行させていく中で、私自身、今までにも増して、見えない世界、宇宙と申しましょうか、天と申しましょうか日頃私達が、神様として崇めていいます実相を、界間、感じさせて頂くことが出来まして、生かされて生きる、生命体であることをしらされ有り難く、お陰様の気持ちを持ち続けなければならないことを感じた次第です」

国府宮のはだか祭で大鏡餅奉納幹事長を務める（右）

人生で最も輝かしい時

平成二十二年十一月十二日、泰義は藍綬褒章を受章した。そして、全国の受章者を代表して賞状を授与された。宮中の豊明殿において天皇陛下よりお言葉を拝聴し、身に余る光栄に包まれた。糟糠《そうこう》の妻も同伴し、いっしょに靖国神社を訪れて父の慰霊に報告している。

父の眠る靖国神社には人生の節目に必ず訪れて参拝しているが、この人生最大の喜びを、夫妻はそろって亡き父に報告している。戦場に父を見送ってから約七十年の年月が過ぎ去っていた。

「親父の分まで頑張って生きるから見ていてくれ」

若き日、社殿で涙ながらに亡き父に誓った言葉が、泰義の胸に去来したにちがいない。

翌年二月十九日には、「野田泰義さんの藍綬褒章受章を祝う会」が名鉄犬山ホテルで開催された。愛知県知事や愛知県議会議長、江南市長、江南商工会議所会頭、国会議員、多くの取引先が集う華やかな雰囲気の中、泰義夫妻が各宴席を回る姿は一段と誇らしく感じられた。

家族の席には、泰義の母親も付き添いと共に参列していた。偉大なるひらめきの天才を産み育て、大勢の人から称賛を浴びている息子の姿をさぞ誇らしく感じたことであろう。筆者も招待を戴いた一人であったが、その姿を確認出来なかったのが残念でならない。

縁が大切

白隠禅師坐禅和讃の一節が、泰義の思考の根幹をなしているといえよう。

「衆生、近きを知らずして遠くを求むるはかなさよ　たとえば水の中に居て喝を叫ぶが如くなり」

この言葉を、泰義は人と人の「縁」と受けとめている。縁が自分の身の回りにあることを知らずに、遠くに求めてもただ虚しさが残るだけで、求めて歩く必要はない。その時々において、いつも縁を結ぶ人が自分の身近にいてくれ、うまくことが運んだと思うのである。

泰義が人生を振り返る時、一番深い縁で結ばれた人といえば、迷うことなく妻の詔子

藍綬褒章受章で町内会から祝福を受ける泰義夫妻

を挙げるであろう。若き日に知り合い、縁あって結婚して以来いつも身近にいて、泰義の良きパートナーとして苦楽を共に過ごした。その働きは計り知れないものがある。

また、いろいろな困難に直面した時、身近な人々に助けられてきた。例えば、電鋳のレベルアップを図り、「ポーラス電鋳®」を実用化できるまでにしてくれた人もそうだ。クラス会で、隣席の友人に「仕事はあるが人がいなくて困っている」と話しかけたところ、「弟を使ってやってくれ」と言って助けられたこともあった。

白隠禅師と同様の言葉を、弘法大師が『般若心経秘鍵』の中で説いている。

「夫れ仏法遥かに非ず、心中にして、即ち近し　真如、外に非ず、身を棄てて何にか求めん」

初任給を頂いた喜び

泰義は初任給をもらった時の喜びが今も忘れられない。当時の初任給は、残業代を加えて手取りで六千円ほどだった。その中から母に三千円、弟に小遣いとして五百円を渡した。その時の母や弟の想像以上に喜んでくれた様子を見て、社会人として一人前として認められたような気持ちになったことが、今でも頭に浮かぶのである。

いつもＫＴＸの入社式の歓迎の辞の中で自らの体験談として、初任給の貴さについて話すことにしている。

「新入社員の皆さん、やがて手渡される最初の給料がどれほど価値があるものか、どれほど尊いものかを知ってほしいのです。皆さんも社会人として初めて受け取る給料ですから、それはそれは嬉しいでしょう。ですが、今までご両親は皆さんを手塩にかけて育て上げ、社会に送り出されました。その重い責任からやっと開放される喜びを感じ、さぞかし晴れやかな気持ちでしょう。その気持ちを充分くんでほしいのです。仏壇にお供えをして、ご先祖様に感謝する気持ちも忘れないでください。

初めての給料を皆さんがどのように使われるかは自由ですが、私が一つ提案申し上げたいのは、初めての給料は、使い方によって人生が変わるほど尊いお金として活かされるのであります。しかも、そのチャンスは一生に一度しかないのです。自分なりに考えて、のちに人生を振り返った時に最高の使い方をしたと思える使い方をしてほしいのです。皆さんの同級生で大企業に勤めた方達は、入社式でこんなことを社長や会長から聞かないでしょう、しかし、うちは中小企業だから言えるのです。人生のアドバイスをしながらともに絆を大切にしていきたいのです」

エピローグ

平成二十六年五月、泰義は自ら築き上げたＫＴＸの社長の座を長男の太一に譲り、会長になった。創業五十周年を迎える前年のことである。

日本経済も長い冬の時代をぬけてやっといくばくかの薄日がうかがえるとはいえ、まだ多くの問題をかかえる大切な時に躊躇なく社長の座を次の世代に託す心意気は見事であると思っている間もなく、さらに驚くべきことがおこった。

翌二十七年三月三十日開催の臨時株主総会において、四月三十日付けで代表権を返上し非常勤となった。今後は社長の補佐役を認じ、しっかり見守っていくのであろう。

この頃、「アベノミクス」と呼ばれる経済政策に対し、あるテレビ番組で企業経営者に賃上げについてインタビューを試みた。多くの経営者は「まだ先行きが不透明なので何とも言えないが、上げざるを得ないだろう」「受注がいくぶん増え始めたが、先行きを考えれば賃上げは難しい」という答えが多い中、泰義にマイクが向けられた。

「わが社は下請けのまた下請ですので厳しいですが、当然賃上げはいたします。私にとってそれよりも厳しいのは、長年勤めている社員に辞められることです」

そして、長年の取引先のすべてに対して恩を忘れず、いまだに頭を下げ続ける。

「お陰様で多くの取引先のご協力を得て、生かされております」

「自分の会社は下請けのまた下請けです」と言い切る。

そこにはこびへつらいなど微塵もない。この謙虚さに、筆者は感動を覚えるのである。現在、年間売上高五十億円の企業に成長している。

平素温厚そうに見える泰義だが、幼少の頃はかなりイライラ病と癇癪《かんしゃく》を爆発させる子供であった。その中でも忘れられない、苦い思い出を改めて記す。

いつものように料亭で一杯くみ交わして、少年期の話を聞いていた。

「母からお茶の作法を教わっていて、来る日も来る日も同じことが続いた時のことである。母は祖父から譲り受け継いだ自慢の油滴天目の茶碗を家宝として大切に扱っていたが、その茶碗を母から奪うと柱に投げつけて、粉々に砕け散らしたことがあった。母の落胆する姿が忘れられず、本当に申し訳ないことをした」

筆者はこの時、多治見在住の陶芸家の岩田渓山、安弘伝『炎の父子』を出版したばかりであった。早速二代目渓山（安弘）先生にお願いして、当時の母上をしのぶ思い出として油滴天目の茶碗を届けた。箱のひもをとき、茶碗を見るなり「素晴らしい！　完璧な油滴天目の茶碗ですね」と喜びを口にした姿に、本当によかったと思った。

泰義は高校卒業してから技術者としての独立を強く志し、青年期に抱いた夢を実現させたのみならず、長きにわたり技術者と経営者の両面を使い分け、確実に自らの会社の足元を固めてきた。

日々常にプラス思考で、時を読むカンとひらめき、柔軟な頭脳で世界に通用する企業を一代で築き上げた手腕は、あたりを見渡しても筆者は知らない。

中でも泰義の真骨頂をあげる。

平成二十一年、アメリカの自動車業界ではクライスラーとGMの二社が相次いで破綻し、世界に大きな衝撃を与えた。KTXもこれらの会社と直接口座を開いて、ビジネスを展開していた。多くの企業が取引を中止をする中、泰義は少しもあわてず鷹揚に構えて継続したのだ。

「アメリカの自動車産業がなくなるわけがない。二社は必ず立ち直る」

独自の判断で平然と取引の継続を命じた。やがて、読みは的中した。二社は再興するとともに取引先を三分の一社に減らした。そして現在、フォードを加えた三社の厚い信頼を得るにいたったのである。その後、三社の勢いはアメリカの景気を押し上げるほどに回復している。

では、この優れた技術者であり経営手腕の冴えは、どのようにして生まれたのであろうか？　泰義の人生を見る時、二つの貴重な体験が血となって五体に脈々と流れているように思われる。

その一つは、若き日に訪れた寺での修行と感動的な老師の法話。もう一つは、疎開先

大縣神社の豊年まつりに大鏡餅をKTXから奉納する

で育った環境があげられるであろう。

名古屋で生を受け、戦火で焼け出されて疎開先で育ち、成長した泰義にとっての故郷は相生村といっていい。いや相生村こそが、泰義を育てた故郷そのものであった。

大自然の素晴らしい環境に慣れ親しみ、体に感ずる様々な体験を積み重ねるとともに、素朴で気さくな人々に囲まれ伸び伸びと育った。

長じて泰義は、「出来れば、子供達には幼少時に自然の中で原理原則の実体験をする社会環境が必要である」と話している。今から思えば破天荒ともいえる幼き日の様々な体験は、彼の人生の大きな財産となって脈々といきづいているのだ。そのことは、技術者としてその後の「モノづくりの原点」になって幾多の面を支えてくれていると確信している。

「たとえ、それが必ずしも科学的根拠に基づかなくとも、『カン』『ひらめき』『洞察』『運』が互いに融合し合い、優れたモノづくりが出来るのである」

泰義の考えとして「科学的根拠」を無視するものではないが、それらは後からでもよいと、常に思うのである。それは、幼い頃に身につけた実体験が自信をもたらした大切な原点だからである。

「この原点があるからこそ困難に直面した時、即応する感覚が自然に身についたのだと。ややもすると『科学万能』に傾き、それがあたかも社会の風潮となっているきらいがある。果たしてそうだろうか」

泰義は「知恵と科学」「知識と実体験」といった融合と調和によって生み出されてこそ発展があるはずと考え、融和の世界を「自然力」という言葉で表現する。それは、考えられないほどの偶然や縁が人生の節々に現れ、科学万能の考え方だけでは決して理解できない「目に見えない力によって、自然に導かれる世界の大切さ」を体験を通じて伝えたいことなのである。

あとがき

野田泰義氏に初めてお会いしたのは、平成十五年十月二十六日、よく晴れた日の午前と記憶している。その日は私の娘（次女）の結婚式で、娘が伴侶に決めた相手は江南特殊産業（現ＫＴＸ）に勤める社員で、野田氏は社長であった。そうした関係もあり、式が始まる前に私は婿を介して野田氏のもとに赴き、来臨いただいたお礼を申し上げた。

その時は親戚を迎えたり何かと慌ただしく、名刺交換と儀礼的な挨拶を数分交わしたのみであったのだが、笑顔をたたえた物腰の柔らかさ、多少なまりのある言葉の中に親しみやすさを発散させるエネルギーを感じた。

「自然体でありながら人の心をとらえてやまない魅力は、何時どこで、育まれたものだろうか」

私は長年、企業活性化の教育、指導や幹部・社員研修の仕事に携わり、多くの人とふれあう中で暮らしていた。そのようなわけで、多少培われた人間観察の職業病として、時間が許されるなら野田氏をもっと知りたいという興味がふつふつと沸いていた。運良くその機会は、披露宴会場でめぐってきた。

宴もたけなわの頃合を見て、私は会社の方々の席に改めてお礼の挨拶におもむいた。

何度か杯を重ね、野田氏と立ち話に花が咲いた。

話をうかがっていると実にざっくばらんであるが、どのような事柄もしっかりと受け止める柔軟さと、時としてまわりを驚かす茶目気も兼ね備えているようである。たまたま婿の話になった。すると「近々、アメリカに行って貰います」と言われたのだ。これには婿の上司や役職者も驚き、思わず苦い顔をされた。どうやら会議では決まったが、まだ社外秘のようであった。

私の憶測であるが、多分、親や舅に海外要員として考えているので覚悟をしておいてほしいと、事前に宣告したのかもしれないと思えた。

一度は失礼して席に戻ったが、今度は私たちの席に野田氏が足を運び、三十分以上の立ち話になった。私の親族は初めてお会いする人と、しかも披露宴でのとうていありえない意気投合ぶりに、半ばあきれていたようだ。

お互い気持ちを込め、実に多くの屈託のない話をした。中でも高度成長期における人材採用の苦労談は私の心に強く残った。これは既に記した事柄であるが、再度記すことをお許し頂きたい。

「わが社も今では人材の採用の苦労はなくなりましたが、二十年以前の金型製造業は大変でした。なにしろ〝3K（きつい、汚い、危険）産業〟と世間ではレッテルを貼られておりましたから、募集をしても職安にお願いしてもなかなか集まらない。やっと採用が決まりほっと一息入れた翌日に、家族が反対するので辞退したいということもしばしばあり苦労が絶えませんでした。また、数年経った社員から退職したいと申し出があった時などは、肩の力が一度に抜けるような思いがしたものです。八方手をつくして引き止めようとしても本人の意志は堅く、結局あきらめざるをえませんでした。

こうした話は金型製造業に限ったことではなく、多くの中小企業が味わう悲哀です。当時、一部のマスコミを含めた世論は、国の屋台骨をじっと支えている声なき産業に冷たかった。勤めるなら一流企業、入れなくてもホワイトカラー、やれ安定した公務員だのと汗水垂らし油や泥まみれの職業を忌み嫌い、手足を汚さない仕事を求める時代が、現在ほどではないにしろ続いたものです」

野田氏の屈託のない立ち話はさらに続いた。

「うちの会社は3K産業ではありませんでしたが、世間の金型という固定概念や風評からは逃れられませんでした。そこで苦肉の策として、退職する社員を気持ち良く送り出そうと発想を切り換え、『君は江南特殊産業を一応卒業したこととしよう。今度行く会社で経験を積み、縁があったらいつでも戻ってきたまえ』と言って送り出した」

なんと、味のある別れの言葉ではないか。企業の命運は、当時も今も人材の確保にかかっている。このような発想は今まで聞いたことがなく、驚きであった。

結婚式も済み、四ヵ月くらい過ぎたある日、野田氏から電話で「名古屋のヒルトンホテルのロビーで落ち合い、栄で一献傾けよう」とのお誘いを受けた。そして、野田氏にともなわれて粋な小料理屋に落ち着いた。

和気あいあいと話が弾んだ頃、突然「誠に申し訳ない」と切り出してきた。一瞬何事かと野田氏を凝視した。謝られることは何もない。

「アメリカに出向させると約束しましたが、その前に新設するタイの工場に行ってもらおうと思いまして、約束をたがえて申し訳ない」

私は即座に「そんな心配はご無用です。婿はあなたの会社の社員であり、焼こうが煮ようが社長の思い通りにされれば良いではありませんか。よく、〝君主豹変す〟と申します。そこまで気にかけて頂き、恐縮です」と返した。野田氏は気配り、目配り、心配りのきく、実にこまやかな人である。

間もなくして、婿と娘はタイに赴任した。それから今日に至るまで三〜四ヵ月毎にお会いする機会が続いている。娘婿はその後アメリカに赴任し、その数年後に退職して現在はアメリカの別の企業に勤めている。にもかかわらず変わらないごひいきを賜り、その懐の深さに敬服すると共に、お会いする度に親密度は増し、同じ年齢とも相まって友人以上のお付き合いをさせて頂いている。

その人柄に引かれた私は、野田氏の体験談をまとめて残そうと思っていた。偶然、政策研究大学院大学の橋本久義教授から野田氏に声がかかり、栄で会食する際、野田氏に勧められて私も同席し橋本先生に初めてお会いした。先生は通商産業省(現経済産業省)に勤めておられた頃からおもに全国の中小企業を回られ、中でも野田氏に関心が高かったようであった。

体験談をまとめる話が持ち上がり、うまく運んだかに見えたが、間もなくして野田氏本人から時期早尚と言うことでストップがかかった。いつしか七年の年月が流れ、平成二十六年に中部経済新聞社の連載企画「マイウエイ」に掲載の話が持ち上がった。その後、時の流れの整理や加筆など数えきれないほどの書き直しを行ない、なんとか一冊の本としてまとめ上げることが出来た。

この度、縁を得て出版する機会を、同じく中部経済新聞社より与えて頂いたことはこの上なく幸甚に思う次第です。出版に際して、中部経済新聞社事業部の杉浦成之副部長には構成や諸々の局面に対するご指導を頂き感謝申し上げます。また、ＫＴＸの社員の皆様から限り無いご協力を得たことも、併せて感謝申し上げます。

平成二十八年七月吉日

筆　者

著者略歴

篠原弘明（しのはら・ひろあき）

昭和16年7月8日、北海道札幌市生まれ。

昭和39年法政大学卒業後、株式会社岩倉組入社。昭和45年に名古屋へ転勤、昭和51年同社を退職し、MMC／マーケティング・マネジメント・センター中部本社へ入社。中日新聞販売局の戦略および販売店の教育指導、全国の企業研修で講師を務める。その後、株式会社中日研修センターのCMC/中日マネジメント・センター研修主任を務め、平成22年に第一線を引退する。多治見市在住。

≪著書≫『炎の父子　岩田渓山・安弘伝』（中日新聞社　2005年）

破天荒《はてんこう》でいいんだ
KTX・野田泰義《のだやすよし》の世界観《せかいかん》

平成28年7月27日　初版第1刷発行

著　者　篠原弘明《しのはらひろあき》

発行者　永井征平

発行所　中部経済新聞社
名古屋市中村区名駅四丁目4番10号　〒450-8561
TEL.052-561-5675（事業部）

印刷所　プリ・テック株式会社
製本所　有限会社笠松製本所

ISBN978-4-88520-202-5